続 制御工学のこころ

制御工学の
こころ ｜モデルベースト制御編｜

The Heart of Control Engineering

足立修一 著

TDU 東京電機大学出版局

　本書は，2021 年 4 月に発行した『制御工学のこころ – 古典制御編 –』の続編です。古典制御は 1940 年代後半に理論的には完成されたと言われており，その時点で制御の一つの時代が終わりました。そして，1960 年にモスクワで開かれた国際自動制御連盟（IFAC）の第 1 回世界会議を境に，制御の世界は大きく変わりました。特に，カルマンが提案した，いわゆる**現代制御**は制御の地図を塗り替えました。現代制御と古典制御の決定的な違いは，現代制御では，状態空間表現と呼ばれる制御対象の数学モデルに基づいて，制御対象の動特性を解析したり，状態変数と呼ばれる内部変数を推定したり，コントローラを設計したりすることです。このことにより，制御対象の**モデル**が制御という舞台の主役に躍り出ました。本書では，この現代制御を中心としたモデルに基づいた制御，すなわち，**モデルベースト制御**（Model-Based Control：**MBC**）について解説します。

　これまで，現代制御に関する和書（教科書）が多数出版されているので，詳しい理論的な解説はそれらの良書に譲ります。本書を含む本シリーズでは，制御を理論的に深堀りする代わりに，一貫してなぜそのような理論が誕生したのか，その理論が意味しているところは何なのか，というような，落語でいうところの「そのこころは？」に焦点を絞ります。また，前著と同じポリシーで，定理とその証明の羅列を避け，制御の物語を示したいと考えています。

　古典制御と同様に，主に物理的な対象を扱う現代制御では，連続時間システムで議論することが出発点です。そこで，本書の前半では連続時間システムを対象とします。まず，線形システムの状態空間表現を与えます。つぎに，現代制御の中心的課題である，可制御性と状態フィードバック制御，そして，可観測性とオブザーバについて解説します。さらに，現代制御を代表する制御システム設計法である最適制御を与え，その周波数領域での性質を解析します。現代制御の理論

的側面の解説だけでなく，倒立振子（とうりつしんし）と呼ばれる制御工学でしばしば用いられる実験装置を具体的な制御対象として，それぞれの理論を数値例を通して勉強していきます。また，高度な制御理論を読者に身をもって理解していただけるように，手計算する例題を多数用意しました。

　さて，制御理論を実問題に適用する場面では，連続時間システムの離散化に関する知識が必要になります。そのために，本書では，**システムの離散化**について解説します。そして，その数学的なツールである $z$ 変換と離散時間フーリエ変換を導入します。

　さらに，本書ではちょっと欲張って，現代制御の代表である最適制御の有力な後継である**モデル予測制御**についても解説します。モデル予測制御は理論の実用化を強く意識して誕生した，現在最も良く利用されているモデルベースト制御の一つです。本書では，実用的な観点から，離散時間システムを対象としたモデル予測制御の基礎を解説します。

　このように，本書では現代制御，離散化，モデル予測制御という 3 つの大きなテーマを扱います。そのため，本書は 3 冊の本の内容を含んでいます。欲張ったためにそれぞれの理論の説明は薄くなってしまいましたが，網羅的ではなく，お互いの関係を意識しながら，重要なポイントに焦点を絞って執筆しました。

　本書のもう一つの特徴は，現代制御やモデル予測制御などのモデルベースト制御を説明するときに，古典制御との関係を記述したことです。すなわち，前著との整合性を本書では強く意識しました。現代制御やモデル予測制御は古典制御とはまったく別のものではなく，たとえば，現代制御の最適レギュレータを周波数領域で古典制御的に眺めると何が見えてくるのだろうか，などについて解説しました。モデルベースト制御を学ぶときにも，古典制御の考え方はとても重要なのです。

　実は，著者は慶應義塾大学の講義で現代制御をきちんと教えたことがありません。企業や他大学などで現代制御を講義したことが何回かあったので，そのときの講義ノートをもとに本書の前半を執筆しました。モデル予測制御に関しては，著者らが翻訳した

- Jan M. Maciejowski 著，足立・管野訳『モデル予測制御 – 制約のもとで

の最適制御 –』東京電機大学出版局，2005

の第 1〜3 章の内容の一部を平易に説明することを目的として執筆しました。このように，本書の内容すべてを通して大学で講義したことがなかったので，受講生からのフィードバックを受けていないことが，本書を出版することへの不安材料でした。

その不安材料を解消するために，本書のドラフト原稿を 2021 年度慶應義塾大学足立研究室の輪講で，研究室の学生たちに念入りに読んでもらいました。足立研学生たちからさまざまな有益なフィードバックをもらい，そのおかげで本書のタイプミスや不明確な文章表現などが大幅に減りました。足立研学生に深く感謝いたします。しかし，まだタイプミスや，著者の不勉強のためにさまざまな記述のミスがあるかもしれません。そのときには，読者の方からのフィードバックをぜひお願いします。最後に，私の本の担当編集者として，今回もご尽力いただいた吉田拓歩氏に深く感謝いたします。

2023 年 5 月

足立 修一

# 目次

# コラム

# 第1章

# モデルベースト制御の始まり

## 1.1　古典制御から現代制御へのパラダイムシフト

　前著『制御工学のこころ − 古典制御編 −』では，19 世紀の産業革命を牽引したワットの蒸気機関とともに生まれた「古典制御」についてお話ししました。その古典制御は第二次世界大戦後の 1940 年代の終わりころに完成したといわれています。最も有名な古典制御の成果である PID 制御はプロセス産業などで実用化されましたが，当時，コントローラを構成していたのは，現在のようなディジタルコンピュータではなく，アナログコンピュータでした。そして，制御対象である実機に，アナログコンピュータによる PID コントローラを接続するという選択肢しかありませんでした。

　1946 年に電子計算機（Electronic Numerical Integrator and Computer：ENIAC）が開発され，世の中が大きく変わりました。アナログからディジタルへのパラダイムシフトです。制御の世界もその例外ではありませんでした。いま思うと，1950 年代は何か新しいものが生まれる直前の胎動期だったように思います。後に花開く新しい制御理論や，制御と非常に近い分野である人工知能（artificial intelligence：AI）に関するさまざまな種がまかれていました。

　制御の分野では，1960 年にモスクワで開かれた International Federation of

**図 1.1**　第 1 回 IFAC 世界会議の会場の様子（1960 年，モスクワ）

Automatic Control（IFAC：国際自動制御連盟）[1]の第 1 回 World Congress（世界会議）でそれらの種子が開花します。この大会で当時 30 歳だったカルマン[2]は，つぎの論文を発表しました。

- R.E. Kalman: On the general theory of control systems, Proc. the 1st IFAC World Congress, Moscow, USSR, pp.481–492, 1960.

いわゆるカルマンの現代制御の誕生です。図 1.1 はこの世界大会の写真です[3]。2 列目の左から 2 番目に座っているのが若き日のカルマンです。

　カルマンによる新しい制御理論が登場したことにより，それまでの制御理論を「古典制御」と呼び，カルマンの理論を「現代制御」と呼んで区別するようになりました。他分野の研究者からは，制御の人たちは半世紀以上前に提案されたものを「現代」と呼んでいるのですね，と揶揄されることもありますが，「現代制御」はもはや固有名詞なので変えようがないのです。

---

[1] IFAC が設立されたのはこの会議の 3 年前の 1957 年でした。
[2] コラム 1.1 参照してください。
[3] IFAC から許可を得て掲載。

　カルマンの業績は「制御」と「推定」という2つの分野に対して，数理的なアプローチで統一的な方法論を構築したことです。本書では，まず現代制御と呼ばれる制御の分野をお話しします。推定の分野の代表的な理論であるカルマンフィルタについては，次の機会にお話したいと考えています。

　古典制御からカルマンの現代制御の移行の最大の特徴は，「モデル」の存在が明確になったことです。図1.2に示すように，古典制御の時代には，制御対象であるプラントとアナログコントローラというハードウェアのペアしかありませんでした。それに対して，現代制御では，アナログコントローラがディジタルコントローラに置き換わり，制御対象とコントローラの間に制御対象の「モデル」が登場しました[4]。そして，そのモデルに基づいて制御システムのコントローラを設計したり，状態量を推定するカルマンフィルタを設計することができるようになりました。いわゆる「モデルベースト制御」（model-based control：MBC）の誕生です。実機を用いた試行錯誤による古典制御から，計算機を援用したモデルベースト制御である現代制御へのパラダイムシフトが1960年代に起こりました。

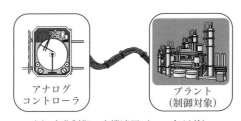

(a) 古典制御の実機適用（1960年以前）

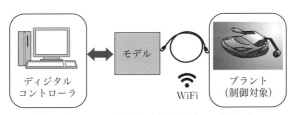

(b) モデルベースト制御の実機適用（1960年以降）

**図 1.2**　古典制御とモデルベースト制御

---

[4] 図では現代制御ではなく，モデルベースト制御という，より広い用語を用いています。

　本書では，モデルベースト制御について解説していきます。

## 1.2　本書の歩き方

### 1.2.1　本書の構成

　本書の構成を図 1.3 に示します。

　まず，第 2 章～6 章では，カルマンによって提案された現代制御の要点をまとめます。現代制御は制御対象を状態空間表現を用いてモデリングすることから始まります。つぎに，その状態空間モデルを用いて制御対象の可制御性，可観測性などを解析します。可制御性と可観測性は，伝達関数表現された古典制御にはなかった新しい概念です。そして，制御対象が可制御であれば，状態フィードバック制御によるコントローラ設計が行え，制御対象が可観測であれば，オブザーバによって状態を推定することができることを説明します。最後に，最適制御を用いてコントローラを設計する方法を与えます。この第 2 章から 6 章では，前著のときと同じように，連続時間信号とシステムを用いて議論します。

　つぎに，第 7 章では，連続時間信号を離散時間信号に変換するための数学的な

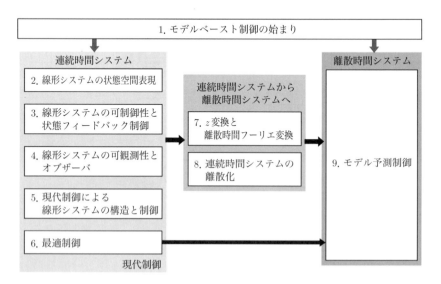

**図 1.3**　本書の構成

ツールである $z$ 変換と離散時間フーリエ変換について説明し，第 8 章では，連続時間システムを離散時間システムに変換する，システムの離散化について解説します。実システムを制御する場合，ディジタル計算機を用いてコントローラを実装するため，離散時間信号とシステムの取り扱いを理解しておく必要があるからです。これらの章は，引き続く第 9 章の準備にもなっています。

　最後に，第 9 章ではモデル予測制御について説明します。モデル予測制御は，現代制御誕生の約 20 年後に制御の世界に登場しました。そして，現時点では最も実用的な制御法の一つであるといわれています。モデル予測制御は，理論の実装化を意識した実用的な制御法であるため，本書では，離散時間システムを対象として議論します。現代制御についてある程度知識があり，離散時間システムの取り扱いに慣れており，モデル予測制御に興味を持つ読者は，本章のあと，直接，第 9 章を読まれてもよいでしょう。

　このように本書では，現代制御とモデル予測制御の二つのモデルベースト制御を解説することが目的です。そのために，本書には他書にはないいくつかの特徴があり，それらの特徴をつぎにまとめます。本書の歩き方の参考にしていただければと思います。

## 1.2.2　本書の特徴

### [1]　連続時間システムと離散時間システムを解説

　本書の特徴の一つは，連続時間システムと離散時間システムの両方を取り扱うことです。制御工学に関する著書のほとんどは連続時間システムを対象としていますが，本書では，連続時間システムから離散時間システムへの橋渡しについて解説します。

　自然界に存在するシステムでは，時間が連続的に流れているので連続時間システムと呼ばれます。ところが，われわれがディジタル計算機を用いて制御対象のデータを処理するときには，そのデータをサンプリングして離散時間信号として取り扱います。そのため，連続時間システムを離散化した離散時間システムとして議論する場面が生じます。そこで，第 7 章では離散時間信号を扱うためのツールである $z$ 変換と離散時間フーリエ変換について説明し，第 8 章では連続時間システムの離散化を解説します。これらの章を境に，アナログからディジタルの

世界へ移行します。あるいは，物理の世界から情報の世界への移行といってもよいでしょう。

　さらに第9章では，導出された離散時間システムを制御対象のモデルとして用いて，モデル予測制御について説明します。

## [2] 現代制御を倒立振子の数値例を通して平易に解説

　二つ目の特徴は，本書の第2～6章で現代制御について数値例を通して簡潔に解説することです。

　カルマンによって提案された現代制御は，行列とベクトルを用いた制御対象の状態空間表現を用います。そのため，現代制御は線形代数に基づく数理的な理論です。これまで出版された現代制御に関する専門書の多くでは，定理とその証明に解説の重点が置かれていました。これはとても大切なことなのですが，初学者にとってはちょっと退屈で，現代制御の本質が見えなくなることを危惧しています。それに対して本書では，理論的な厳密性には欠けますが，古典制御にはない，現代制御の素晴らしさを，数式を使ってお話ししたいと思っています。特に，具体的な数値例として倒立振子と呼ばれる棒を立てる遊びを題材とした制御問題を選び，その例題を通して，安定性，可制御性，可観測性，最適制御などを学んでいきます。しかし，本書においてもたくさんの（難解な）数式が登場するので，少し覚悟しておいてください。

　さらに，第6章では現代制御の主要成果である最適制御について解説します。古典制御では，設計されたコントローラの性能を評価することが難しいという問題点がありました。たとえば，熟練した制御エンジニアがPIDコントローラを設計して，所望の制御性能が得られたとしても，そのコントローラが最も良いものであるかを明らかにすることができないからです。それに対して，第6章で説明する最適制御では，何らかの評価関数を設定すれば，それを最小にする最適なコントローラを設計することができます。そのため，その評価関数のもとでは，設計されたコントローラが最適である，ということが理論的に保証されます。人工知能の分野で研究されている強化学習も最適制御に基づいているので，本書で最適制御の基礎を学んでおいて損はないでしょう。

## [3] 現代制御の後継としてのモデル予測制御の基礎を解説

　制御の実用化の現場において数多く利用されている実用的なモデルベース制御は，モデル予測制御であると言われています。モデル予測制御は現代制御における最適制御の後継にあたるため，本書の前半で学ぶ現代制御を基礎として，モデル予測制御を理解することを目指します。

　われわれは 2005 年に『モデル予測制御 – 制約のもとでの最適制御 –』という翻訳本を東京電機大学出版局から出版しました。高価な翻訳書であるにも関わらず，多くの読者に読んでいただけていることを大変ありがたく思っています。しかし，モデル予測制御の入門書として，この本のハードルは少し高いとも感じていました。また，優れたモデル予測制御の和書も発行されていますが，理論的に高度なものが多く，それらは入門書というよりは専門書ではないかと思っています。そのため，モデル予測制御の基本的な部分を約 60 ページにまとめて本書では解説しました。

　通常の制御の教科書では数冊必要な内容，具体的には，現代制御，離散時間信号とシステム，モデル予測制御などを，1 冊の内容にまとめました。本書では，問題の動機づけ，問題へのアプローチ，そしてポイントを中心にまとめたので，詳細で厳密な議論が行えていない部分が多々あります。本書を読まれた後に，より専門的な本をお読みいただけると幸いです。

## コラム 1.1　ルドルフ・エミール・カルマン（1930〜2016）

　カルマンは 1930 年にハンガリーのブタペストで生まれました。第二次世界大戦の戦火を逃れるために 1944 年に米国入国後，1951 年にマサチューセッツ工科大学（MIT）に入学しました。1953 年に電気工学で学士号，1954 年に修士号を取得しました。そして，1957 年にコロンビア大学で博士号（Ph.D）を取得しました。1964 年にスタンフォード大学教授に就任し，1971 年にはフロリダ大学教授になりました。さらに，1973 年にスイス連邦工科大学（ETH）教授を併任しました。夏は涼しいスイスで，冬は暖かいフロリダで研究活動をされていたというお話を聞いたことがあります。1985 年に京都賞（先端技術部門賞）を受賞し，2008 年には米国国家科学賞数学賞，ドレイパー賞を受賞しました。1960 年代，状態推定理論であるカルマンフィルタは米国のアポロ計画に採用され，制御以外の分野においても広く知られるようになりました。

写真提供：著者

ミラノでの IFAC World Congress 2011 で特別講演するカルマン教授（2011 年）

# 第2章

# 線形システムの状態空間表現

　古典制御では，制御対象であるシステムを伝達関数や周波数伝達関数といった
入出力関係で記述しました。それに対して，カルマンが提案した現代制御では，
入力と出力だけではなく，状態という内部変数を導入して，状態空間表現と呼ば
れる新しい方法でシステムを記述（モデリング）します。制御対象を状態空間表
現を用いてモデリングすることは，現代制御によるモデルベースト制御の第一歩
です。本章では，主に，力学システムの例を用いて線形システムの状態空間表現
を紹介し，状態空間表現の利点を解説します。

## 2.1　線形システムの入出力表現

　本書では，図 2.1 のブロック線図に示したシステムを対象とします。図におい
て，$u(t)$ はシステムへの入力信号，$y(t)$ はシステムの出力信号です。ここでは **1
入力 1 出力**（single-input, single-output：SISO）**線形システム**を仮定します。$t$
は実数値を取る連続時間なので，このシステムは連続時間システムです。

**図 2.1**　システムの入出力関係（外部記述）

　モデルベースト制御は，対象とするシステムを数理的なモデルで記述すること，すなわち制御対象の**モデリング**（modeling）から始まります。そこで，前著の『制御工学のこころ − 古典制御編 −』の復習から始めましょう。線形システムの入出力関係は，時間領域，ラプラス領域，そして周波数領域の三つの領域で表現できます。

　まず，われわれが生きている「時間」の世界から始めましょう。

**[1] 時間領域**：線形システムのインパルス応答を $g(t)$ とすると，インパルス応答と入力信号 $u(t)$ の**たたみ込み積分**（convolution）で出力信号が計算できます。すなわち，次式が成立します。

$$y(t) = \int_0^t g(\tau)u(t-\tau)\mathrm{d}\tau \tag{2.1}$$

　もう一つの時間領域におけるシステムの表現は，システムが従う微分方程式を用いた方法です。たとえば，ある質点の並進運動が，ニュートンの運動方程式より2階微分方程式

$$m\frac{\mathrm{d}^2 y(t)}{\mathrm{d}t^2} = u(t) \tag{2.2}$$

で記述されるとします。ここで，$y(t)$ は質点の位置，$u(t)$ は質点に印加した力，$m$ は質点の質量です。この式が微分方程式を用いた時間領域での表現です。

　古典制御の特徴は，式 (2.1) のようなたたみ込み積分や，式 (2.2) のような微分方程式を利用せずに，扱いやすい別の2つの領域，すなわち，ラプラス領域と周波数領域で対象を記述することでした。

　まず，ラプラス領域における表現を与えましょう。

**[2] ラプラス領域**：初期値を 0 として式 (2.1) を**ラプラス変換**すると，

$$y(s) = G(s)u(s) \tag{2.3}$$

によって入出力関係が乗算で記述できます。これがラプラス領域におけるシステムの入出力関係です。ただし，$y(s)$ と $u(s)$ は，それぞれ $y(t)$, $u(t)$ のラプラス変換で，

$$y(s) = \mathcal{L}[y(t)] = \int_0^\infty y(t)e^{-st}\mathrm{d}t$$

**図 2.2**　ニュートンの運動方程式のブロック線図

$$u(s) = \mathcal{L}[u(t)] = \int_0^\infty u(t)e^{-st}\mathrm{d}t$$

で定義されます。また，$G(s)$ はインパルス応答 $g(t)$ のラプラス変換です。これは**伝達関数**と呼ばれ，次式で与えられます。

$$G(s) = \int_0^\infty g(t)e^{-st}\mathrm{d}t \tag{2.4}$$

このように，**インパルス応答 $g(t)$ と伝達関数 $G(s)$ はラプラス変換対です。**

　たとえば，式 (2.2) のニュートンの運動方程式に対する伝達関数を導きましょう。式 (2.2) を，初期値を 0 としてラプラス変換すると，

$$ms^2 y(s) = u(s) \tag{2.5}$$

となります。伝達関数は，出力のラプラス変換と入力のラプラス変換の比なので，

$$G(s) = \frac{y(s)}{u(s)} = \frac{1}{ms^2} \tag{2.6}$$

となります。このように，ニュートンの運動方程式は 2 重積分器に対応します。これを図 2.2 に示しました。式 (2.3) より，ラプラス領域における伝達関数表現は，システムの入出力関係を乗算で記述できるので，**ブロック線図表現**に適しています。前著で説明したように，制御工学を支えているのは，このブロック線図です。

　もう一つが周波数領域における表現です。

**[3] 周波数領域**：式 (2.1) を**フーリエ変換**すると，

$$y(j\omega) = G(j\omega)u(j\omega) \tag{2.7}$$

のように，この場合も入出力関係が乗算で記述できます。ここで，$j = \sqrt{-1}$ は虚数単位です。式 (2.7) が周波数領域におけるシステムの入出力関係です。ただし，$y(j\omega)$ と $u(j\omega)$ はそれぞれ $y(t)$，$u(t)$ のフーリエ変換で，

$$y(j\omega) = \mathcal{F}[y(t)] = \int_0^\infty y(t)e^{-j\omega t}\mathrm{d}t$$

$$u(j\omega) = \mathcal{F}[u(t)] = \int_0^\infty u(t)e^{-j\omega t}\mathrm{d}t$$

で定義されます。また，$G(j\omega)$ はインパルス応答 $g(t)$ のフーリエ変換であり，**周波数伝達関数**，あるいは周波数応答関数と呼ばれ，次式で与えられます。

$$G(j\omega) = \int_0^\infty g(t)e^{-j\omega t}\mathrm{d}t \tag{2.8}$$

このように，**インパルス応答 $g(t)$ と周波数伝達関数 $G(j\omega)$ はフーリエ変換対**です。

　システムの伝達関数 $G(s)$ が既知の場合には，伝達関数に $s = j\omega$ を代入すると，容易に周波数伝達関数 $G(j\omega)$ が得られます。周波数伝達関数 $G(j\omega)$ は角周波数 $\omega$ の複素関数なので，振幅特性 $|G(j\omega)|$ と位相特性 $\angle G(j\omega)$ を持ちます。これらを合わせて，システムの**周波数特性**といいます。古典制御では，この周波数特性をボード線図やナイキスト線図といった図で表現しました。

　以上で説明した三つの領域（時間領域，ラプラス領域，周波数領域）における表現法は，線形システムの入出力関係に着目したもので，これらはシステムの**外部記述**とも呼ばれます。

## 2.2　システムの状態空間表現

　前節では，古典制御で用いた線形システムの外部記述を復習しました。それに対して，1960 年，カルマンが新しいシステム表現である**状態空間表現**を提案しました。

　図 2.2 で描いたニュートンの運動方程式のブロック線図の中身を分解して，図 2.3 のように描き直します。この図では，入力である「力」と出力である「位置」のほかに，システムの中に「速度」という内部変数が登場します。ここで，位置と速度は微分・積分の関係であることを用いました。この内部変数は**状態変数**（state variable），あるいは単に**状態**と呼ばれます。これを用いてシステムを表現してみましょう。

　いま，対象とするシステムは式 (2.2) より 2 次系なので，状態変数を二つ選び

**図 2.3** 内部状態を導入したニュートンの運動方程式のブロック線図表現

ます。後述するようにその選び方には自由度がありますが，ここで考えているような力学システムの場合，通常，位置 $y(t)$ と速度 $\mathrm{d}y(t)/\mathrm{d}t$ を状態変数に選び，つぎのようにベクトル表現します。

$$\boldsymbol{x}(t) = \left[\begin{array}{c} x_1(t) \\ x_2(t) \end{array}\right] = \left[\begin{array}{c} y(t) \\ \dfrac{\mathrm{d}y(t)}{\mathrm{d}t} \end{array}\right] = \left[\begin{array}{c} 位置 \\ 速度 \end{array}\right] \tag{2.9}$$

それぞれの状態変数を時間微分すると，$x_1(t)$ の微分は速度，$x_2(t)$ の微分は加速度なので，

$$\frac{\mathrm{d}x_1(t)}{\mathrm{d}t} = \frac{\mathrm{d}y(t)}{\mathrm{d}t} = x_2(t) \tag{2.10}$$

$$\frac{\mathrm{d}x_2(t)}{\mathrm{d}t} = \frac{\mathrm{d}^2 y(t)}{\mathrm{d}t^2} = \frac{1}{m}u(t) \tag{2.11}$$

が得られます。式 (2.11) を導出するときに，質点が従う運動方程式 (2.2) を利用しました。

行列とベクトルを用いると，式 (2.10), (2.11) は，つぎのように簡潔に表現できます。

$$\frac{\mathrm{d}}{\mathrm{d}t}\left[\begin{array}{c} x_1(t) \\ x_2(t) \end{array}\right] = \left[\begin{array}{cc} 0 & 1 \\ 0 & 0 \end{array}\right]\left[\begin{array}{c} x_1(t) \\ x_2(t) \end{array}\right] + \left[\begin{array}{c} 0 \\ \dfrac{1}{m} \end{array}\right]u(t) \tag{2.12}$$

また，出力 $y(t)$ は位置 $x_1(t)$ なので，次式のように表現できます。

$$y(t) = \left[\begin{array}{cc} 1 & 0 \end{array}\right]\left[\begin{array}{c} x_1(t) \\ x_2(t) \end{array}\right] \tag{2.13}$$

いま，行列 $\boldsymbol{A}$ とベクトル $\boldsymbol{b}$, $\boldsymbol{c}$ をつぎのようにおきます。

$$\boldsymbol{A} = \left[\begin{array}{cc} 0 & 1 \\ 0 & 0 \end{array}\right], \qquad \boldsymbol{b} = \left[\begin{array}{c} 0 \\ \dfrac{1}{m} \end{array}\right], \qquad \boldsymbol{c} = \left[\begin{array}{c} 1 \\ 0 \end{array}\right] \tag{2.14}$$

すると，式 (2.12), (2.13) はつぎのように一般的に表せます。

$$\frac{\mathrm{d}}{\mathrm{d}t}\boldsymbol{x}(t) = \boldsymbol{A}\boldsymbol{x}(t) + \boldsymbol{b}u(t) \tag{2.15}$$

$$y(t) = \boldsymbol{c}^T\boldsymbol{x}(t) \tag{2.16}$$

ここで，$T$ は行列やベクトルの転置を表します。このようにして得られた式 (2.15), (2.16) をシステムの**状態空間表現**といいます。なお，本書では，行列は $\boldsymbol{A}$ のように大文字の太字で，ベクトルは列ベクトルとし，$\boldsymbol{b}$ のように小文字の太字で表記します[1]。

カルマンの現代制御のキープレイヤーである状態変数の意味をつぎにまとめました。

---

**Point 2.1**　状態変数とシステムの次数

**状態変数**とは，システムの未来の挙動を予測するために必要十分な，システムの過去に関する情報を含んだものです。したがって，状態変数はシステムの過去と未来を結ぶインターフェイスの役割を果たします。また，システムの**次数**（order）は状態変数ベクトルの次元のことであり，システムの**ダイナミクス**を表現するために，どれだけ過去の情報を持っておく必要があるかを表す量のことです。ニュートンの運動方程式の例では，システムの次数は 2 でした。

---

このポイントでは少し難しい表現をしました。本書で対象としている**ダイナミクスを持つ動的システム**（dynamic system）とは，システムの挙動が微分方程式で記述されるシステムのことです。そのため，システムの未来の出力は，過去の影響を引きずっているのです。たとえば，値が 0 の状態からステップ的に値が 1 の状態へ変化するとき，動的システムではすぐに 1 へ変化することができずに，必ず**過渡状態**が生じます[2]。どのくらい過去を引きずっているかを表すも

---

[1] 最近の制御理論の論文では，これらはすべて $A$, $B$, $C$ のように太字，小文字を使わずに，単に同じ記号で記述されることが多いのですが，本書では，表記を見ただけで行列かベクトルかスカラーかわかるように，このような古典的な表記を用います。

[2] 前著では，ダイナミクスにより生じる過渡現象を「車は急に止まれない」という交通標語を用いて説明しました。

のが状態変数であり，その度合いを表すものがシステムの**次数**です。

　また，システムの**内部エネルギー**を動的システムの状態によって記述することもできます。たとえば，力学システムであれば，式 (2.9) のように，位置エネルギーに対応する「位置」と，運動エネルギーに対応する「速度」が状態に選ばれます，あるいは，電気回路であれば，静電エネルギーに対応するコンデンサの両端の電圧と，磁気エネルギーに対応するコイルを流れる電流が，状態に選ばれます。そして，それらの内部エネルギーは，状態から直接計算することができます。

　制御工学が対象としている動的システムに対して，**静的システム** (static system) では，ある時刻の出力 $y(t)$ はその時刻の入力 $u(t)$ の影響しか受けません。たとえば，$y(t) = 5u(t)$ は静的システムの一例です。このように，静的システムは過去を一切引きずっていないので，静的システムには状態変数は存在しません。静的システムは**メモリー**をもっていないということもできます。

　SISO 線形動的システムの状態空間表現をつぎのポイントにまとめます。

---

**Point 2.2**　SISO 線形動的システムの状態空間表現

入力が $u(t)$，出力が $y(t)$ である SISO 線形動的システムは，

$$\frac{\mathrm{d}}{\mathrm{d}t}\boldsymbol{x}(t) = \boldsymbol{A}\boldsymbol{x}(t) + \boldsymbol{b}u(t) \tag{2.17}$$

$$y(t) = \boldsymbol{c}^T\boldsymbol{x}(t) + du(t) \tag{2.18}$$

のように記述できます。ここで，$\boldsymbol{x}(t)$ は**状態変数ベクトル**です。式 (2.17) を**状態方程式**，式 (2.18) を**出力方程式**といい，両者をあわせて**状態空間表現**といいます。このように，このシステムは $(\boldsymbol{A}, \boldsymbol{b}, \boldsymbol{c}, d)$ によって特徴づけられます。

　式 (2.17)，(2.18) で記述されるシステムの次数が $n$，すなわち $n$ 次系のとき，$\boldsymbol{x}(t)$ は $n$ 次元ベクトルになります。このとき，$\boldsymbol{A}$ は $(n \times n)$ 行列で，システムの安定性，過渡特性，定常特性に影響を与える最も重要な行列です。$\boldsymbol{b}$ は $(n \times 1)$ 列ベクトルで，システムに対して入力がどのように影響するかという駆動源，すなわち**アクチュエータ**の情報を表します。$\boldsymbol{c}$ も $(n \times 1)$ 列ベクトルで，測定値がどのように観測されるかという**センサー**の情報を表します。$d$ はスカラーであり，**直達項**を表します。直達項とは，入力した信号がそのま

ま定数倍されて出力される静的な項のことです。システムを伝達関数表現したとき，分子多項式と分母多項式の次数が一致するとき，この直達項が登場します。分母多項式のほうが分子多項式より次数が高い（このとき，**厳密にプロパー**なシステムと呼ばれます）ときには，直達項は存在せずに $d = 0$ になります。

　本書では線形システムを対象としているので，式 (2.17)，(2.18) の状態空間表現では，状態ベクトル $\boldsymbol{x}(t)$ と入力 $u(t)$ に関して線形（1次関数）です。すなわち，$\boldsymbol{A}\boldsymbol{x}(t)$ や $\boldsymbol{b}u(t)$ のように表現されていることに注意しましょう。

　システムの状態空間表現のブロック線図を図 2.4 に示します。伝達関数などでは，入力 $u(t)$ と出力 $y(t)$ の直接的な入出力関係（すなわち，外部記述）を与えていましたが，状態空間表現では入力 $u(t)$ から状態変数 $\boldsymbol{x}(t)$ へ，状態変数 $\boldsymbol{x}(t)$ から出力 $y(t)$ へと，2 段階に分けられているところが特徴です。このように，状態変数はシステムの内部変数であり，入力と出力を結び付ける媒介変数（英語では，parameter といいます）[3]の役割を果たしています。これより，状態空間表現はシステムの**内部記述**と呼ばれることもあります。

　この状態変数のおかげで，制御の面では状態フィードバック制御が生まれ，推定の面ではオブザーバやカルマンフィルタによる状態推定が生まれました。入力と出力につぐ第3の量である状態変数が導入されたことによって，システム制御理論は大きく進展しました（コラム 2.3 参照）。

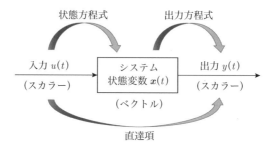

**図 2.4**　システムの状態空間表現（内部記述）

---

[3] 高校数学で勉強した平面上の曲線の媒介変数表示を思い出しましょう。

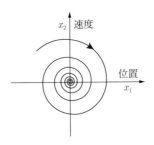

**図 2.5** 横軸を位置，縦軸を速度とした相平面

　図 2.5 に示すような横軸を位置，縦軸を速度とする平面は，力学あるいは，常微分方程式の世界では**相平面**（あるいは，位相平面）として知られています。この相平面は 2 次元平面ですが，カルマンは相平面を $n$ 次元の**状態空間**に一般化し，その空間内でシステム制御理論を構築しました。

　状態空間表現はさまざまな特徴を持っています。そのいくつかをまとめておきましょう。

- 最大の特徴は，式 (2.17) より明らかなように，状態空間表現は**時間領域**における微分方程式によるシステムの表現だということです。古典制御では，システムを時間領域で扱わずに，ラプラス領域の伝達関数や，周波数領域の周波数伝達関数で取り扱いましたが，カルマンはそれらを再び時間領域での議論に戻したのです。時間領域で取り扱うことにより，状態空間表現は**非線形システム**へ拡張することもできます。古典制御は電気通信技術者の専門用語である**周波数領域**で理論が展開されましたが，現代制御は，時間領域において，線形代数や確率過程などの応用数学を駆使した学問に生まれ変わりました。

- $n$ 次系は一般には $n$ 階微分方程式で記述されます。これまで説明したように，$n$ 次元の状態変数ベクトルを導入することによって，式 (2.17) の 1 階微分方程式で表現できました。このように，次元を上げる**高次元化**によって問題を扱いやすくするテクニックはいろいろな分野で利用されています。非線形分類問題に対するサポートベクターマシンの高次元化がその一例です。

- 式 (2.17), (2.18) のような一般的な形式でシステムを記述できれば，さまざまな問題を統一的に扱うことが可能になり，しかも1階微分方程式なので，解析することが容易です。たとえば，古典制御の伝達関数モデルでは，次数に応じたプログラムを準備する必要がありますが，状態空間モデルは $(A, b, c, d)$ による一般的な状態空間モデルを準備しておき，その次数 $n$ を引数として与えることで，$n$ 次系に対応することができます。ディジタル計算機の普及とともに誕生した現代制御は，プログラミングの観点からも優れていました。

それでは，例題を通して，システムの状態空間表現の理解を深めましょう。

例題 2.1 　図 2.6 に示した**バネ・マス・ダンパシステム**は，2階微分方程式

$$m\frac{\mathrm{d}^2 y(t)}{\mathrm{d}t^2} + c\frac{\mathrm{d}y(t)}{\mathrm{d}t} + ky(t) = u(t) \tag{2.19}$$

で記述されます。ここで，$u(t)$ は入力である力，$y(t)$ は出力である位置であり，$m$, $c$, $k$ はそれぞれ質量，粘性摩擦係数，バネ定数です。この線形システムの状態空間表現を求める問題を考えましょう。

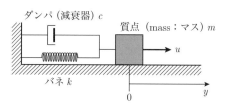

**図 2.6** 　バネ・マス・ダンパシステム

　ニュートンの運動方程式のときと同じように，位置 $y(t)$ と速度 $\mathrm{d}y(t)/\mathrm{d}t$ を二つの状態変数 $x_1(t)$, $x_2(t)$ に選ぶと，

$$\frac{\mathrm{d}x_1(t)}{\mathrm{d}t} = x_2(t) \tag{2.20}$$

$$\frac{\mathrm{d}x_2(t)}{\mathrm{d}t} = \frac{1}{m}\left(-c\frac{\mathrm{d}y(t)}{\mathrm{d}t} - ky(t) + u(t)\right)$$

$$= -\frac{k}{m}x_1(t) - \frac{c}{m}x_2(t) + \frac{1}{m}u(t) \tag{2.21}$$

が得られます。ここで，式 (2.21) を導くために，質点が従う微分方程式 (2.19) を用いました。式 (2.20)，(2.21) をまとめると，つぎの状態空間表現が得られます。

$$\frac{\mathrm{d}}{\mathrm{d}t}\begin{bmatrix} x_1(t) \\ x_2(t) \end{bmatrix} = \begin{bmatrix} 0 & 1 \\ -\dfrac{k}{m} & -\dfrac{c}{m} \end{bmatrix}\begin{bmatrix} x_1(t) \\ x_2(t) \end{bmatrix} + \begin{bmatrix} 0 \\ \dfrac{1}{m} \end{bmatrix} u(t) \tag{2.22}$$

$$y(t) = \begin{bmatrix} 1 & 0 \end{bmatrix}\begin{bmatrix} x_1(t) \\ x_2(t) \end{bmatrix} \tag{2.23}$$

この例題では $(\boldsymbol{A}, \boldsymbol{b}, \boldsymbol{c}, d)$ は，

$$\boldsymbol{A} = \begin{bmatrix} 0 & 1 \\ -\dfrac{k}{m} & -\dfrac{c}{m} \end{bmatrix}, \quad \boldsymbol{b} = \begin{bmatrix} 0 \\ \dfrac{1}{m} \end{bmatrix}, \quad \boldsymbol{c} = \begin{bmatrix} 1 \\ 0 \end{bmatrix}, \quad d = 0 \tag{2.24}$$

になりました。　　　　　　　　　　　　　　　　　　　　　　　　　　　　　$\diamondsuit$

例題 2.2 古典制御において重要な役割を演じた 2 次遅れ要素の標準形の伝達関数

$$G(s) = \frac{\omega_n^2}{s^2 + 2\zeta\omega_n s + \omega_n^2} \tag{2.25}$$

を状態空間表現に変換しましょう。ここで，$\zeta$ は**減衰比**，$\omega_n$ は**固有角周波数**であり，これらは 2 次遅れ要素を特徴づける物理パラメータです。

　まず，この伝達関数に対応する微分方程式を復元しましょう。式 (2.25) より，ラプラス領域における入出力関係は，

$$(s^2 + 2\zeta\omega_n s + \omega_n^2)y(s) = \omega_n^2 u(s)$$

となります。逆ラプラス変換を用いて前著で勉強した手順の逆をたどると，微分方程式

$$\frac{\mathrm{d}^2 y(t)}{\mathrm{d}t^2} + 2\zeta\omega_n \frac{\mathrm{d}y(t)}{\mathrm{d}t} + \omega_n^2 y(t) = \omega_n^2 u(t) \tag{2.26}$$

が得られます。ここで，初期値はすべて 0 としました。式 (2.26) を用いて，これまでと同じような手順を適用すると，このシステムの状態空間表現は，

$$\frac{\mathrm{d}}{\mathrm{d}t}\left[\begin{array}{c} x_1(t) \\ x_2(t) \end{array}\right] = \left[\begin{array}{cc} 0 & 1 \\ -\omega_n^2 & -2\zeta\omega_n \end{array}\right]\left[\begin{array}{c} x_1(t) \\ x_2(t) \end{array}\right] + \left[\begin{array}{c} 0 \\ \omega_n^2 \end{array}\right]u(t) \qquad (2.27)$$

$$y(t) = \left[\begin{array}{cc} 1 & 0 \end{array}\right]\left[\begin{array}{c} x_1(t) \\ x_2(t) \end{array}\right] \qquad (2.28)$$

となります。　　　　　　　　　　　　　　　　　　　　　　　　　　　　◇

　以上では，1入力1出力システムについてお話ししました。システムの状態空間表現の特徴の一つは，図2.7に示した**多入力多出力**（Multi-Input, Multi-Output：MIMO）**システム**へ容易に拡張できることです。図では，$\ell$入力，$m$出力システムを表しています。このような**MIMO**システムを従来の伝達関数で記述しようとすると，$(\ell \times m)$個の伝達関数を準備する必要があり，非常に面倒でした。それに対して，状態空間表現を用いると，つぎのポイントのようにスマートに記述することができます。

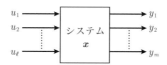

**図2.7**　$\ell$入力，$m$出力の多入力多出力（MIMO）システム

---

**Point 2.3**　MIMOシステムの状態空間表現

入力が$\boldsymbol{u}(t)$，出力が$\boldsymbol{y}(t)$，状態が$\boldsymbol{x}(t)$である$\ell$入力，$m$出力，$n$状態 MIMO 線形システムは，次式のように状態空間表現できます。

$$\frac{\mathrm{d}}{\mathrm{d}t}\boldsymbol{x}(t) = \boldsymbol{A}\boldsymbol{x}(t) + \boldsymbol{B}\boldsymbol{u}(t) \qquad (2.29)$$

$$\boldsymbol{y}(t) = \boldsymbol{C}\boldsymbol{x}(t) + \boldsymbol{D}\boldsymbol{u}(t) \qquad (2.30)$$

ここで，$\boldsymbol{u}(t)$，$\boldsymbol{y}(t)$，$\boldsymbol{x}(t)$はそれぞれつぎのように与えられます。

$$\boldsymbol{u}(t) = \left[\begin{array}{c} u_1(t) \\ u_2(t) \\ \vdots \\ u_\ell(t) \end{array}\right], \quad \boldsymbol{y}(t) = \left[\begin{array}{c} y_1(t) \\ y_2(t) \\ \vdots \\ y_m(t) \end{array}\right], \quad \boldsymbol{x}(t) = \left[\begin{array}{c} x_1(t) \\ x_2(t) \\ \vdots \\ x_n(t) \end{array}\right]$$

また，$\boldsymbol{A}$は$(n \times n)$行列，$\boldsymbol{B}$は$(n \times \ell)$行列，$\boldsymbol{C}$は$(m \times n)$行列，$\boldsymbol{D}$は$(m \times \ell)$行列です。

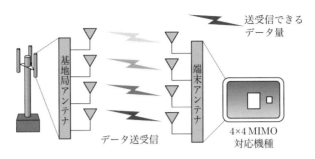

**図 2.8** 通信システムにおける Massive MIMO

制御理論の応用で MIMO というと，2 入出力，3 入出力くらいが一般的で，多くても 6 入出力であり，残念ですがあまりインパクトはありません。それに対して，化学プラントなどの現場では 100 入出力以上となることがあるようです。このときは第 9 章で説明する**モデル予測制御**という，現代制御よりもさらに進んだ制御法が利用されます。

MIMO（マイモ，あるいはミモ，あるいはエムアイエムオーと呼ばれています）は制御だけではなく，通信工学などでも利用され，最近は次世代通信の要素技術として **Massive MIMO**（マッシブ マイモ）というキーワードもあります。これは，図 2.8 に示すように，基地局側のアンテナ数が数十あるいは 100 個以上の，超多素子アンテナで構成されている技術です。

## 2.3 状態空間表現と伝達関数の関係

前節で導入した状態空間表現と，古典制御のときに大活躍した伝達関数の関係を調べましょう。

式 (2.17)，(2.18) の状態空間表現は 1 階微分方程式なので，状態の初期値を $\mathbf{0}$ としてラプラス変換すると，

$$s\boldsymbol{x}(s) = \boldsymbol{A}\boldsymbol{x}(s) + \boldsymbol{b}u(s) \tag{2.31}$$

$$y(s) = \boldsymbol{c}^T \boldsymbol{x}(s) + du(s) \tag{2.32}$$

が得られます。ただし，状態，入力，出力のラプラス変換を，それぞれつぎのようにおきました。

$$\boldsymbol{x}(s) = \mathcal{L}[\boldsymbol{x}(t)], \quad u(s) = \mathcal{L}[u(t)], \quad y(s) = \mathcal{L}[y(t)]$$

式 (2.31) より，

$$(s - \boldsymbol{A})\boldsymbol{x}(s) = \boldsymbol{b}u(s)$$

が得られます。左辺のカッコ内をみると，$s$ はスカラーで，$\boldsymbol{A}$ は行列なので，次元が合いません。そこで，$(n \times n)$ の単位行列 $\boldsymbol{I}$ を導入して，

$$(s\boldsymbol{I} - \boldsymbol{A})\boldsymbol{x}(s) = \boldsymbol{b}u(s)$$

のように書き直します。これは，行列の固有値を求めるときに使ったテクニックと同じです。すると，

$$\boldsymbol{x}(s) = (s\boldsymbol{I} - \boldsymbol{A})^{-1}\boldsymbol{b}u(s)$$

となり，これを式 (2.32) に代入すると，

$$y(s) = \left[\boldsymbol{c}^T(s\boldsymbol{I} - \boldsymbol{A})^{-1}\boldsymbol{b} + d\right] u(s)$$

が得られます。この式と，伝達関数の定義式

$$y(s) = G(s)u(s) \tag{2.33}$$

を比較することにより，つぎのポイントが得られます。

---

**Point 2.4** 　状態空間表現から伝達関数への変換

入力 $u$ から出力 $y$ までの伝達関数 $G(s)$ は，状態空間表現の $(\boldsymbol{A}, \boldsymbol{b}, \boldsymbol{c}, d)$ より，つぎのように計算できます。

$$G(s) = \boldsymbol{c}^T(s\boldsymbol{I} - \boldsymbol{A})^{-1}\boldsymbol{b} + d \tag{2.34}$$

線形代数の知識を使って式 (2.34) の逆行列を変形すると，

$$G(s) = \frac{\boldsymbol{c}^T \mathrm{adj}(s\boldsymbol{I} - \boldsymbol{A})\boldsymbol{b}}{\det(s\boldsymbol{I} - \boldsymbol{A})} + d \tag{2.35}$$

が得られます。ただし，$\mathrm{adj}(s\boldsymbol{I} - \boldsymbol{A})$ は余因子行列，$\det(s\boldsymbol{I} - \boldsymbol{A})$ は行列式を表します。

式 (2.35) から明らかなように，伝達関数の分母多項式は状態方程式の行列 $\boldsymbol{A}$ のみに依存します。そして，システムの**極** (pole) は，$\det(s\boldsymbol{I} - \boldsymbol{A}) = 0$ の根，すなわち，行列 $\boldsymbol{A}$ の固有値に一致します。一方，システムの**零点** (zero) は，$\boldsymbol{b}$, $\boldsymbol{c}$, そして $\boldsymbol{A}$ に依存します。このように，駆動系と観測系の情報が零点に影響します。

**例題 2.3** 例題 2.1 で導出した状態空間表現から伝達関数を計算してみましょう。

まず，$(s\boldsymbol{I} - \boldsymbol{A})^{-1}$ を計算します。これは $(2 \times 2)$ 行列なので手計算できますね。

$$(s\boldsymbol{I} - \boldsymbol{A})^{-1} = \begin{bmatrix} s & -1 \\ \dfrac{k}{m} & s + \dfrac{c}{m} \end{bmatrix}^{-1} = \frac{1}{ms^2 + cs + k} \begin{bmatrix} ms + c & m \\ -k & ms \end{bmatrix}$$

この結果を用いて式 (2.34) より伝達関数を計算すると，つぎのようになります。

$$\begin{aligned} G(s) &= \boldsymbol{c}^T (s\boldsymbol{I} - \boldsymbol{A})^{-1} \boldsymbol{b} \\ &= \frac{1}{ms^2 + cs + k} \begin{bmatrix} 1 & 0 \end{bmatrix} \begin{bmatrix} ms + c & m \\ -k & ms \end{bmatrix} \begin{bmatrix} 0 \\ \dfrac{1}{m} \end{bmatrix} \\ &= \frac{1}{ms^2 + cs + k} \end{aligned} \tag{2.36}$$

一方，すべての初期値を 0 として式 (2.19) をラプラス変換すると，

$$(ms^2 + cs + k)y(s) = u(s) \tag{2.37}$$

となるので，これよりバネ・マス・ダンパシステムの伝達関数は，

$$G(s) = \frac{1}{ms^2 + cs + k} \tag{2.38}$$

となり，式 (2.36) と一致しました。　　　　　　　　　　　　　　　◇

式 (2.17), (2.18) の状態空間表現をブロック線図で表したものを図 2.9 に示します。この図についていくつか説明しておきましょう。

- 前著でブロック線図表現はラプラス領域でのシステムの記述に適していると述べましたが，この図では時間領域でブロック線図を記述していること

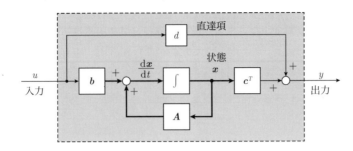

**図2.9** 状態空間表現のブロック線図（太い矢印はベクトル量，普通の矢印はスカラーを表します）

とに注意してください。そのため，図では積分器は $1/s$ ではなく $\int$ の積分記号で表しました。図において，左側の加算器（丸印で書かれているもの）の入出力関係が式 (2.17) の状態方程式に対応します。つぎに，右側の加算器の入出力関係が式 (2.18) の出力方程式に対応します。直達項は，ダイナミクスを持たない静的な要素なので，積分器を通ることなく入力が $d$ 倍されて出力に加算されています。

- 1 階微分方程式で記述される状態方程式は，制御の言葉を使うと，1 次系であり，一つの積分器でダイナミクスが表現されます。図 2.9 において，$A$ 行列を介したフィードバックループがあるところが 1 次系である証拠です。前著で学んだフィードバック制御では，そのフィードバックループにマイナスをつけて戻す，すなわち，ネガティブフィードバックが基本でした。しかし，図の左側の加算器をみると，符号はマイナスではなくプラスです。後述するように，このシステムが安定であるための条件は，$A$ 行列のすべての固有値が $s$ 平面の左半平面に存在することです。そのため，直感的に言うと，$A$ 行列のブロック自体にマイナスの符号がついているので，加算器の符号はプラスなのです。

- 図において，$A$ 行列はフィードバックされており，これは伝達関数では極の情報に対応します。一方，$b$, $c$ ベクトルはフィードフォワードの向きであり，これらは伝達関数の零点の情報に対応します。このことは，式 (2.35) において，極に対応する分母多項式は $\det(sI - A)$ なので，$A$ 行列のみに依存し，零点に対応する分子多項式は $c^T\mathrm{adj}(sI - A)b$ なの

で，$A$ 行列，$b$，$c$ ベクトルすべてに依存することに対応します。

## 2.4 代数的に等価なシステム

前節では，SISO システムの状態空間表現 $(A, b, c, d)$ が与えられたとき，対応する伝達関数 $G(s)$ が一意的に求まる[4]ことを説明しました。本節では，その逆に，伝達関数 $G(s)$ が与えられたときに，対応する状態空間表現を求める問題を考えましょう。これまでも，ニュートンの運動方程式の例題で，伝達関数から状態空間表現を導く例を示しました。そのとき得られた状態空間表現は一意的でしょうか？　その答えは "No" であることをみていきましょう。

ニュートンの運動方程式の例では，状態変数として，

$$x(t) = \left[ \begin{array}{c} x_1(t) \\ x_2(t) \end{array} \right] = \left[ \begin{array}{c} 位置 \\ 速度 \end{array} \right] \tag{2.39}$$

のように，位置，速度の順に選びました。別の人が，新しい状態変数 $z(t)$ を準備して，

$$z(t) = \left[ \begin{array}{c} z_1(t) \\ z_2(t) \end{array} \right] = \left[ \begin{array}{c} 速度 \\ 位置 \end{array} \right] \tag{2.40}$$

のように，状態変数の順番を逆に選んだとしましょう。そのとき，対応する $A$ 行列，$b$，$c$ ベクトルは，

$$\bar{A} = \left[ \begin{array}{cc} 0 & 0 \\ 1 & 0 \end{array} \right], \qquad \bar{b} = \left[ \begin{array}{c} \dfrac{1}{m} \\ 0 \end{array} \right], \qquad \bar{c} = \left[ \begin{array}{c} 0 \\ 1 \end{array} \right] \tag{2.41}$$

となり，式 (2.14) のそれらとは異なります。しかし，状態変数の順番を変えても，状態空間表現で記述したシステムの入出力関係，すなわち伝達関数は同じです。このように，**ある伝達関数に対して，状態空間表現は多数存在します**。このことについて，一般的に考えてみましょう。

正則行列 $T$ を用いて状態ベクトル $x(t)$ を

$$z(t) = T^{-1}x(t) \tag{2.42}$$

---

[4] 唯一 (unique) に定まることを意味します。

のように1次変換[5]すると，新しい状態ベクトル $z(t)$ が得られます。式 (2.42) より，

$$\boldsymbol{x}(t) = \boldsymbol{T}\boldsymbol{z}(t) \tag{2.43}$$

が得られ，この関係式をもとの状態方程式 (2.17) に代入すると，

$$\frac{\mathrm{d}}{\mathrm{d}t}\boldsymbol{T}\boldsymbol{z}(t) = \boldsymbol{A}\boldsymbol{T}\boldsymbol{z}(t) + \boldsymbol{b}u(t)$$

となります。この両辺の左から $\boldsymbol{T}^{-1}$ を乗じると，新しい状態変数 $z(t)$ に関する状態方程式

$$\frac{\mathrm{d}}{\mathrm{d}t}\boldsymbol{z}(t) = \boldsymbol{T}^{-1}\boldsymbol{A}\boldsymbol{T}\boldsymbol{z}(t) + \boldsymbol{T}^{-1}\boldsymbol{b}u(t) \tag{2.44}$$

が得られます。また，式 (2.43) を式 (2.18) に代入すると，新しい出力方程式

$$y(t) = \boldsymbol{c}^T\boldsymbol{T}\boldsymbol{z}(t) + du(t) \tag{2.45}$$

が得られます。

以上より，新しい状態ベクトル $z(t)$ に対する状態空間表現は

$$\frac{\mathrm{d}}{\mathrm{d}t}\boldsymbol{z}(t) = \bar{\boldsymbol{A}}\boldsymbol{z}(t) + \bar{\boldsymbol{b}}u(t) \tag{2.46}$$

$$y(t) = \bar{\boldsymbol{c}}^T\boldsymbol{z}(t) + \bar{d}u(t) \tag{2.47}$$

と記述できます。式 (2.46), (2.47) と，式 (2.17), (2.18) のもとの状態空間表現の係数比較を行うことにより，つぎの関係式が得られます。

$$\bar{\boldsymbol{A}} = \boldsymbol{T}^{-1}\boldsymbol{A}\boldsymbol{T}, \quad \bar{\boldsymbol{b}} = \boldsymbol{T}^{-1}\boldsymbol{b}, \quad \bar{\boldsymbol{c}}^T = \boldsymbol{c}^T\boldsymbol{T}, \quad \bar{d} = d \tag{2.48}$$

たとえば，先ほど紹介したように，式 (2.2) の運動方程式の例において，状態変数の順番を入れ替えて，新しい状態変数として，$z_1(t)$ を速度，$z_2(t)$ を位置と選んでみましょう。

$$\boldsymbol{z}(t) = \left[\begin{array}{c} z_1(t) \\ z_2(t) \end{array}\right] = \left[\begin{array}{c} x_2(t) \\ x_1(t) \end{array}\right]$$

これは，正則変換行列 $\boldsymbol{T}$ を置換行列

---

[5] 線形変換，座標変換，正則変換などとも呼ばれます。

$$T = \begin{bmatrix} 0 & 1 \\ 1 & 0 \end{bmatrix} \tag{2.49}$$

に選んだ場合に対応します。このときの状態空間表現は，つぎのようになります。

$$\frac{\mathrm{d}}{\mathrm{d}t} \begin{bmatrix} z_1(t) \\ z_2(t) \end{bmatrix} = \begin{bmatrix} 0 & 0 \\ 1 & 0 \end{bmatrix} \begin{bmatrix} z_1(t) \\ z_2(t) \end{bmatrix} + \begin{bmatrix} \dfrac{1}{m} \\ 0 \end{bmatrix} u(t) \tag{2.50}$$

$$y(t) = \begin{bmatrix} 0 & 1 \end{bmatrix} \begin{bmatrix} z_1(t) \\ z_2(t) \end{bmatrix} \tag{2.51}$$

このとき，式 (2.48) が成り立っていることは，

$$\bar{A} = T^{-1}AT = \begin{bmatrix} 0 & 1 \\ 1 & 0 \end{bmatrix} \begin{bmatrix} 0 & 1 \\ 0 & 0 \end{bmatrix} \begin{bmatrix} 0 & 1 \\ 1 & 0 \end{bmatrix} = \begin{bmatrix} 0 & 0 \\ 1 & 0 \end{bmatrix}$$

$$\bar{b} = T^{-1}b = \begin{bmatrix} 0 & 1 \\ 1 & 0 \end{bmatrix} \begin{bmatrix} 0 \\ \dfrac{1}{m} \end{bmatrix} = \begin{bmatrix} \dfrac{1}{m} \\ 0 \end{bmatrix}$$

$$\bar{c}^T = c^T T = \begin{bmatrix} 1 & 0 \end{bmatrix} \begin{bmatrix} 0 & 1 \\ 1 & 0 \end{bmatrix} = \begin{bmatrix} 0 & 1 \end{bmatrix}$$

より明らかです。

**Point 2.5** 代数的に等価なシステム

正則変換行列 $T$ によって状態ベクトルを1次変換しても，システムの伝達関数は変化しません。このような関係を**代数的に等価**であるといいます。いいかえると，伝達関数のような外部記述は線形システムに対して一意的に決まりますが，状態空間表現のような内部記述は正則変換の数だけ自由度があり，一意的には定まりません。

Point 2.5 を図 2.10 に例示しました。線形システムの伝達関数は一つですが，それに対応する状態空間表現は無数存在します。どの状態空間モデル（そして，状態変数）を用いたらよいのか，初学者は迷ってしまうかもしれません。しかし，用途に応じてさまざまな状態空間モデルを利用できるところが，利点になります。状態空間表現ではいくつかの**正準形**[6]が準備されており，その中でも，状

---

[6] 標準形のことです。

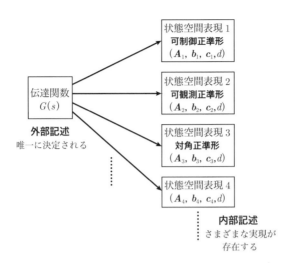

**図 2.10** 伝達関数と状態空間表現の関係

態フィードバック制御のための**可制御正準形**と，オブザーバのための**可観測正準形**は有名で，それらについては第3章と4章で詳しく説明します。

また，式 (2.48) の $\bar{\boldsymbol{A}} = \boldsymbol{T}^{-1}\boldsymbol{A}\boldsymbol{T}$ をみると，線形代数で勉強した行列の**対角化**を思い出した方もいらっしゃるかもしれません。$\bar{\boldsymbol{A}}$ を対角行列に変換したものは**対角正準形**と呼ばれます。そのほか，システム理論的な考察，数値計算的な観点から状態変数の選び方について研究されています。

現代制御を勉強するためには，**線形代数**の知識が必要になりそうですね。制御工学で利用する線形代数については，本書の中で適宜，紹介していきます。

## 2.5 状態方程式の解

本節では，式 (2.15) の行列・ベクトル形式の1階微分方程式

$$\frac{\mathrm{d}}{\mathrm{d}t}\boldsymbol{x}(t) = \boldsymbol{A}\boldsymbol{x}(t) + \boldsymbol{b}u(t), \qquad \boldsymbol{x}(0) = \boldsymbol{x}_0 \tag{2.52}$$

の解を求める問題を考えます。式 (2.52) は線形微分方程式なので，初期値に対する応答（式 (2.52) の右辺第1項）と入力に対する応答（式 (2.52) の右辺第2項）を別々に計算し，最後にそれらを重ね合わせて解を求めることができます。

まず，すべての時刻に対して $u(t) = 0$ として，初期値に対する応答を計算し

ましょう。すなわち，つぎの微分方程式

$$\frac{\mathrm{d}}{\mathrm{d}t}\boldsymbol{x}(t) = \boldsymbol{A}\boldsymbol{x}(t), \qquad \boldsymbol{x}(0) = \boldsymbol{x}_0 \tag{2.53}$$

を解く問題を考えます。もしも式 (2.53) がスカラー微分方程式

$$\frac{\mathrm{d}}{\mathrm{d}t}x(t) = ax(t), \qquad x(0) = x_0 \tag{2.54}$$

の場合には，この解は，

$$x(t) = e^{at}x_0 \tag{2.55}$$

となることを記憶されている方も多いでしょう。指数関数 $e^t$ は，微分して自分自身に戻る関数だからです。導出は書きませんが，この結果の拡張として，式 (2.53) の解はつぎのようになります。

$$\boldsymbol{x}(t) = e^{\boldsymbol{A}t}\boldsymbol{x}_0 \tag{2.56}$$

ここで，$e^{\boldsymbol{A}t}$ は**状態遷移行列**と呼ばれ，指数関数のテイラー展開に基づいて次式のように定義されます。

$$e^{\boldsymbol{A}t} = \boldsymbol{I} + \boldsymbol{A}t + \frac{1}{2!}\boldsymbol{A}^2 t^2 + \cdots + \frac{1}{k!}\boldsymbol{A}^k t^k + \cdots \tag{2.57}$$

このように $e^{\boldsymbol{A}t}$ は $(n \times n)$ 行列になります。導出過程は省略しますが，この状態遷移行列は，逆ラプラス変換を用いて

$$e^{\boldsymbol{A}t} = \mathcal{L}^{-1}[(s\boldsymbol{I} - \boldsymbol{A})^{-1}] \tag{2.58}$$

より計算できます。

例題 2.4　$\boldsymbol{A}$ 行列が次式で与えられるとき，状態遷移行列 $e^{\boldsymbol{A}t}$ を計算しましょう。

$$\boldsymbol{A} = \begin{bmatrix} 0 & 1 \\ -2 & -3 \end{bmatrix}$$

式 (2.58) を用いて，つぎのような手順で，状態遷移行列を計算します。まず，次式のように逆行列を計算します。

$$(s\boldsymbol{I} - \boldsymbol{A})^{-1} = \begin{bmatrix} s & -1 \\ 2 & s+3 \end{bmatrix}^{-1} = \frac{1}{(s+1)(s+2)} \begin{bmatrix} s+3 & 1 \\ -2 & s \end{bmatrix}$$

$$= \begin{bmatrix} \dfrac{2}{s+1} - \dfrac{1}{s+2} & \dfrac{1}{s+1} - \dfrac{1}{s+2} \\ -\dfrac{2}{s+1} + \dfrac{2}{s+2} & -\dfrac{1}{s+1} + \dfrac{2}{s+2} \end{bmatrix}$$

ここで，部分分数展開を用いました。つぎに，行列のそれぞれの要素に対して逆ラプラス変換を計算すると，

$$e^{\boldsymbol{A}t} = \mathcal{L}^{-1}[(s\boldsymbol{I} - \boldsymbol{A})^{-1}] = \begin{bmatrix} 2e^{-t} - e^{-2t} & e^{-t} - e^{-2t} \\ -2e^{-t} + 2e^{-2t} & -e^{-t} + 2e^{-2t} \end{bmatrix} u_s(t)$$

が得られます。　　　　　　　　　　　　　　　　　　　　　　　　　　◇

　この例題からわかるように，状態遷移行列を計算するためには，古典制御のときに学んだ**ラプラス変換**の知識が役に立ちます。

　以上では，自由応答に対する解について考えました。入力 $u(t)$ に対する応答計算は少し厄介なので，ここではその結果だけを与えます。

$$\boldsymbol{x}(t) = \int_0^t e^{\boldsymbol{A}(t-\tau)} \boldsymbol{b} u(\tau) \mathrm{d}\tau \tag{2.59}$$

ここで，式 (2.59) 右辺は，状態遷移行列 $e^{\boldsymbol{A}t}$ と入力の影響 $\boldsymbol{b}u(\tau)$ との**たたみ込み積分**に対応します。

　式 (2.56)，(2.59) より，状態方程式の一般解は次式のようになります。

$$\boldsymbol{x}(t) = e^{\boldsymbol{A}t} \boldsymbol{x}_0 + \int_0^t e^{\boldsymbol{A}(t-\tau)} \boldsymbol{b} u(\tau) \mathrm{d}\tau \tag{2.60}$$

この式 (2.60) を式 (2.16) に代入すると，出力 $y(t)$ は次式のようになります。

$$\begin{aligned} y(t) &= \boldsymbol{c}^T \boldsymbol{x}(t) + d u(t) \\ &= \boldsymbol{c}^T e^{\boldsymbol{A}t} \boldsymbol{x}_0 + \int_0^t \boldsymbol{c}^T e^{\boldsymbol{A}(t-\tau)} \boldsymbol{b} u(\tau) \mathrm{d}\tau + d u(t) \end{aligned} \tag{2.61}$$

ここで，式 (2.61) の右辺第 1 項は**自由応答**（あるいは初期値応答），右辺第 2 項は**零状態応答**と呼ばれます。

　古典制御で学んだ線形システムの伝達関数表現では，入力に対するシステムの応答を考えてきました。すなわち，伝達関数を導出する際，すべての初期値を 0

とおいて，ラプラス変換したことを思い出しましょう。それに対して，現代制御の状態空間表現は微分方程式の表現に基づいているので，入力に対する応答だけでなく初期値に対する応答も計算することができます[7]。

例題 2.5 線形システムの状態空間表現が

$$\frac{\mathrm{d}}{\mathrm{d}t}\boldsymbol{x}(t) = \begin{bmatrix} -1 & 0 \\ 1 & -2 \end{bmatrix}\boldsymbol{x}(t) + \begin{bmatrix} 1 \\ 0 \end{bmatrix}u(t), \qquad \boldsymbol{x}(0) = \begin{bmatrix} -1 \\ 1 \end{bmatrix}$$

$$y(t) = \begin{bmatrix} 0 & 2 \end{bmatrix}\boldsymbol{x}(t)$$

で与えられるとき，このシステムに単位ステップ信号（$u_s(t)$ とします）を入力したときの出力信号，すなわち**ステップ応答**を計算してみましょう。

逆ラプラス変換を用いて状態遷移行列を計算すると，

$$e^{\boldsymbol{A}t} = \begin{bmatrix} e^{-t} & 0 \\ e^{-t} - e^{-2t} & e^{-2t} \end{bmatrix}u_s(t)$$

が得られます。これを式 (2.60) に代入すると，

$$\begin{aligned}
\boldsymbol{x}(t) &= \begin{bmatrix} e^{-t} & 0 \\ e^{-t} - e^{-2t} & e^{-2t} \end{bmatrix}\begin{bmatrix} -1 \\ 1 \end{bmatrix} \\
&\quad + \int_0^t \begin{bmatrix} e^{-(t-\tau)} & 0 \\ e^{-(t-\tau)} - e^{-2(t-\tau)} & e^{-2(t-\tau)} \end{bmatrix}\begin{bmatrix} 1 \\ 0 \end{bmatrix}u(\tau)\mathrm{d}\tau \\
&= \begin{bmatrix} -e^{-t} \\ -e^{-t} + 2e^{-2t} \end{bmatrix} + \int_0^t \begin{bmatrix} e^{-(t-\tau)} \\ e^{-(t-\tau)} - e^{-2(t-\tau)} \end{bmatrix}\mathrm{d}\tau \\
&= \begin{bmatrix} 1 - 2e^{-t} \\ 0.5 - 2e^{-t} + 2.5e^{-2t} \end{bmatrix}, \qquad t \geq 0 \text{ のとき}
\end{aligned}$$

となります。ここで，入力は単位ステップ信号，すなわち，$u(t) = 1$, $t \geq 0$ であることを利用しました。式 (2.61) より，

$$y(t) = \boldsymbol{c}^T\boldsymbol{x}(t) = 1 - 4e^{-t} + 5e^{-2t}, \qquad t \geq 0 \text{ のとき}$$

---

[7] システムを記述する微分方程式を初期値を考慮して解けば，伝達関数表現の場合でも一般解を求めることができますが，微分方程式が高次の場合には扱いが困難です。それに対して，状態空間表現を用いれば，次数に関係なく一般的に解くことが可能になります。

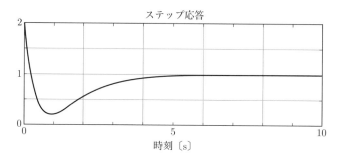

**図 2.11** 例題 2.5 のステップ応答波形

が得られます。このステップ応答波形を図 2.11 に示します。ステップ入力が印加された時刻 $t = 0$ では，状態の初期値の影響で 2 から波形が始まっていますが，その後，初期値の影響が減少し，ステップ入力に対する応答波形に変化し，最終的には定常値 1 に向かっています。　　　　　　　　　　　　　　　　　　◇

## 2.6 状態空間表現された線形システムの安定性

線形システムの漸近安定性の定義を与えます。

---

**Point 2.6** 漸近安定性

入力項がない線形システム[8]

$$\frac{\mathrm{d}}{\mathrm{d}t}\boldsymbol{x}(t) = \boldsymbol{A}\boldsymbol{x}(t), \qquad \boldsymbol{x}(0) = \boldsymbol{x}_0 \tag{2.62}$$

において，すべての初期値 $\boldsymbol{x}_0$ に対して，

$$\lim_{t \to \infty} \boldsymbol{x}(t) = \boldsymbol{0} \tag{2.63}$$

となるとき，このシステムは**漸近安定**（asymptotically stable）といわれます。

線形システムが漸近安定であるための必要十分条件は，行列 $\boldsymbol{A}$ のすべての固有値の実部が負であることです。すなわち，すべての固有値が複素平面の左半平面の存在することです。このとき，行列 $\boldsymbol{A}$ は**安定行列**と呼ばれます。

---

[8] これは**自由システム**と呼ばれます。

　古典制御で学んだ **BIBO 安定**（有界入力・有界出力安定）は，システムの入出力関係に着目したもので，**入出力安定**とも呼ばれました。それに対して，ここで導入した**漸近安定性**は，すべての状態変数の安定性を議論していることに注意しましょう。

　さて，SISO 線形システムが次式のように状態空間表現されている場合を考えます。

$$\frac{\mathrm{d}}{\mathrm{d}t}\boldsymbol{x}(t) = \boldsymbol{A}\boldsymbol{x}(t) + \boldsymbol{b}u(t) \tag{2.64}$$

$$y(t) = \boldsymbol{c}^T\boldsymbol{x}(t) \tag{2.65}$$

本章で学んできたように，これらを伝達関数に変換すると，

$$G(s) = \boldsymbol{c}^T(s\boldsymbol{I} - \boldsymbol{A})^{-1}\boldsymbol{b} = \frac{\boldsymbol{c}^T\mathrm{adj}(s\boldsymbol{I} - \boldsymbol{A})\boldsymbol{b}}{\det(s\boldsymbol{I} - \boldsymbol{A})} \tag{2.66}$$

となります。このとき，特性方程式は

$$\det(s\boldsymbol{I} - \boldsymbol{A}) = 0 \tag{2.67}$$

となります。これより，行列 $\boldsymbol{A}$ の固有値は特性根に等しいことがわかります。入出力関係に着目した伝達関数での議論は，第 3 章以降で説明するように，線形システムの可制御かつ可観測な部分に着目したものなので，Point 2.6 の漸近安定性より適用範囲が狭いことに注意しましょう。

**コラム 2.1** ご縁

因果という言葉はもともと仏教に由来し，原因があって結果が生じるという意味で，日常生活でも因果関係という言葉を使うことがあります。工学の世界では，原因を入力，結果を出力とみなすと，入力を出力に変換するものがシステム（あるいは関数）になります。

人工知能（AI）の主要分野である機械学習では，大量の入出力データを用いてシステムを学習し，新たな入力が加わったときに，どのような出力が出るのかを予測します。ディープラーニング（深層学習）という画期的な方法が 2006 年に提案され，計算機能力の飛躍的な向上に後押しされて，第 3 次 AI ブームと言われて何年も経ちました（本書を執筆中の 2023 年現在）。誤解を恐れずに言えば，機械学習ではシステムをブラックボックスとみなして，入出力関係のみに着目します。システムの中身の物理化学的な考察，あるいは中身の理解をあきらめたところにブレークスルーがあったのです。

因果に話を戻すと，因と果の間に「縁」を入れて「因縁果」ということがあるそうです。原因に何かの縁（きっかけ）が加わって結果が出るという意味だそうです。このお話を聞いたとき，私は，カルマンが 1960 年に提案した，制御の世界で最も有名な現代制御を思い出しました。彼はそれまで入出力関係（すなわち，因果）に着目していた制御理論に，「状態」と呼ばれる内部変数，すなわち「縁」を導入して，システムを表現しました。彼は無意識に「因縁果」を考えていたのかもしれません。そして，この「状態」が，状態フィードバック制御や，カルマンフィルタによる状態推定などで大活躍するのです。

現在の機械学習は入出力関係という因果の研究であり，足りないのはこの「縁」ではないかと著者は考えています。状態という縁だけではなく，人と人との縁など，さまざまな「ご縁」を大切にして研究を進めていきたいと考えています。

写真提供：著者

カルマン教授とケンブリッジ大学にて（2006 年 9 月）

# 第3章

# 線形システムの可制御性と状態フィードバック制御

制御対象である線形システムの状態空間表現によるモデルが得られたら，つぎに行うことはそのモデルに基づく制御対象の解析とコントローラの設計です。古典制御にはなかった解析の概念に制御対象の可制御性と可観測性があります。本章では，制御対象の可制御性を導入し，その判定条件を与えます。制御対象が可制御であれば，状態フィードバック制御によりコントローラを設計することができ，その方法についても解説します。

## 3.1　可制御性と可観測性

対象とする SISO 線形動的システムが次式のように状態空間表現されている場合を考えます。

$$\frac{\mathrm{d}}{\mathrm{d}t}\boldsymbol{x}(t) = \boldsymbol{A}\boldsymbol{x}(t) + \boldsymbol{b}u(t) \tag{3.1}$$

$$y(t) = \boldsymbol{c}^T \boldsymbol{x}(t) \tag{3.2}$$

このシステムは $n$ 次系とし，$\boldsymbol{A}$ は $(n \times n)$ 行列，$\boldsymbol{b}$ と $\boldsymbol{c}$ は $(n \times 1)$ 列ベクトルとします。また，$d = 0$，すなわち，直達項は存在しないとします。

このとき，本章と次章では，現代制御におけるつぎの二つの重要な問題について議論します。

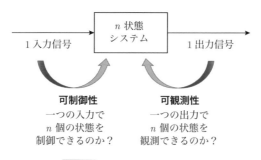

**図 3.1**　可制御性と可観測性

---

**Point 3.1**　可制御性と可観測性

【問題 1　可制御性】　スカラー値の入力 $u(t)$ で $n$ 個のベクトル値をとる状態 $\boldsymbol{x}(t) = [x_1(t)\ x_2(t)\ \ldots\ x_n(t)]^T$ を制御できるだろうか？

【問題 2　可観測性】　スカラー値の出力 $y(t)$ から $n$ 個のベクトル値をとる状態 $\boldsymbol{x}(t) = [x_1(t)\ x_2(t)\ \ldots\ x_n(t)]^T$ を観測（推定）できるだろうか？

---

　この二つの問題を図 3.1 に示します。まず，問題 1 の可制御性は，入力 $u$ と状態 $\boldsymbol{x}$ に関係するので，式 (3.1) の状態方程式に関わる問題です。いま，制御したい量は出力 $y(t)$ なので，状態を制御できるという言い方はピンときませんが，式 (3.2) から，出力は状態の線形結合で表現できるので，状態が制御できれば，出力を制御することができます。

　つぎに，問題 2 の可観測性は，出力 $y$ と状態 $\boldsymbol{x}$ に関係するので，式 (3.1) と式 (3.2) の両方に関わる問題です。われわれがシステムから測定できる $y(t)$ 以外の物理量が，通常，状態には含まれています。その状態を観測できるということは，測定できないものまで得ることができます。すなわち，センサーを追加せずに状態を知ることができます。たとえば，ニュートンの運動方程式の例では，質点の位置がセンサーによって測定されますが，その状態には位置だけではなく，速度も含まれていました。この力学システムが可観測であれば，測定されない速度も観測することができるのです。

　まず，本章では可制御性について考えていきましょう。そして，次章では可観測性について解説します。

## 3.2 出力フィードバック制御と状態フィードバック制御

図 3.2 に古典制御における標準的な直結フィードバック制御システムのブロック線図を示します。図において，制御対象（plant，**プラント**）を $P$，**コントローラ**（controller，**制御器**）を $C$ とします。図のように，古典制御では，出力 $y(t)$ をフィードバックして，目標値 $r(t)$ との偏差

$$e(t) = r(t) - y(t)$$

を計算します。そして，$e(t)$ をコントローラに入力して，制御入力 $u(t)$ を決定します。以下では，目標値を $r(t) = 0$ とした問題を考えます。これは**レギュレータ問題**と呼ばれ，第 6 章で詳しく解説します。

たとえば，古典制御を代表する **PID 制御**では，

$$u(t) = - \left( K_\mathrm{P} y(t) + \frac{1}{T_\mathrm{I}} \int_0^t y(\tau)\mathrm{d}\tau + T_\mathrm{D} \frac{\mathrm{d}y(t)}{\mathrm{d}t} \right) \tag{3.3}$$

のように，出力信号を定数倍（P 制御），積分（I 制御），微分（D 制御）したものをネガティブフィードバックすることで，制御入力を決定します。これを**出力フィードバック制御**といいます。ここで，$K_\mathrm{P}$，$T_\mathrm{I}$，$T_\mathrm{D}$ はそれぞれ比例ゲイン，積分時間，微分時間と呼ばれる制御定数です。式 (3.3) の右辺のように，制御入力を決定する規則を**制御則**（control law）と呼びます。コントローラの制御則の構造と制御定数を事前に決めておけば，時々刻々変化する出力 $y(t)$ をこの規則に代入して入力を決定することができます。

ラプラス領域で考えると，PID 制御器の伝達関数は，

**図 3.2** 出力フィードバック制御

$$C(s) = K_\mathrm{P} + \frac{1}{T_\mathrm{I}s} + T_\mathrm{D}s \tag{3.4}$$

となります。これらの制御定数を決定することが PID 制御のコントローラの設計問題です。

　古典制御に対して，現代制御では次式で与えられる**状態フィードバック制御則**

$$u(t) = -\boldsymbol{f}^T \boldsymbol{x}(t) \tag{3.5}$$

を利用します。ただし，$\boldsymbol{f}$ は $(n \times 1)$ 列ベクトルで，

$$\boldsymbol{f} = \begin{bmatrix} f_1 & f_2 & \cdots & f_n \end{bmatrix}^T \tag{3.6}$$

で与えられます。何らかの方法でベクトル $\boldsymbol{f}$ の要素を決定しておけば，このフィードバック制御則で制御入力を決定できます。問題は，状態ベクトル $\boldsymbol{x}(t)$ の要素がすべて既知であるという仮定が必要なことですが，これについては後述します。

　いま考えている状態フィードバック制御システムのブロック線図を図 3.3 に示します。古典制御で用いた出力フィードバックではなく，制御対象の内部状態 $\boldsymbol{x}(t)$ をフィードバックしています。ここでも $r(t) = 0$，すなわち，目標値を 0 としたレギュレータ問題を考えます。図では，スカラー量を細い矢印で，ベクトル量を太い矢印で書いて区別しています。

　たとえば，ニュートンの運動方程式で記述される 2 次系（$n = 2$）の力学システムの状態は位置と速度です。このとき，状態フィードバック制御則は，

$$u(t) = -\begin{bmatrix} f_1 & f_2 \end{bmatrix} \begin{bmatrix} x_1(t) \\ x_2(t) \end{bmatrix} = -f_1 x_1(t) - f_2 x_2(t)$$

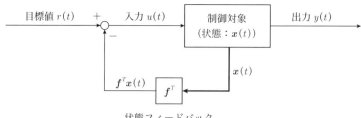

**図 3.3**　状態フィードバック制御

$$= -f_1 y(t) - f_2 \frac{\mathrm{d}y(t)}{\mathrm{d}t} \tag{3.7}$$

になります。この制御則は，位置である $y(t)$ と速度である $\mathrm{d}y(t)/\mathrm{d}t$ のフィードバックから構成されており，これは古典制御における PD 制御と同じフィードバック則になっています。すなわち，式 (3.3) を

$$u(t) = -K_\mathrm{P} y(t) - T_\mathrm{D} \frac{\mathrm{d}y(t)}{\mathrm{d}t} \tag{3.8}$$

としたものに一致します。このように古典制御と現代制御は別のものではなく，古典制御の拡張が現代制御であると考えることもできます。ここでは，制御対象が 2 次の力学システムであったため，状態フィードバックは PD 制御と一致しました。しかし，現代制御では，3 次以上の $n$ 次系に対しても，$n$ 個の状態をフィードバック制御することができ，PID 制御よりも，よりきめ細かで高精度な制御を行うことが可能になります。

　古典制御の PD 制御のときには，位置しか測定できない場合に速度を計算するために，1 次遅れ要素と微分器からなる近似微分器を利用しました。それに対して，現代制御では，第 4 章で述べるオブザーバやカルマンフィルタを利用してシステマティックに速度を推定することができます。

　ここで考えている制御則の設計問題は，フィードバックゲイン $f_1$, $f_2$ の設計になります。古典制御では，ジーグラ・ニコルス法による実機を用いた PD パラメータの調整，あるいは勘と経験に基づく試行錯誤などにより，制御定数 $K_\mathrm{P}$, $T_\mathrm{D}$ を決定していました。それに対して，現代制御では，数理的な方法でこれらを決定します。以下では，その方法について，説明していきましょう。

　式 (3.5) を式 (3.1) に代入して，閉ループシステムを計算すると，

$$\frac{\mathrm{d}}{\mathrm{d}t} \boldsymbol{x}(t) = \boldsymbol{A}\boldsymbol{x}(t) - \boldsymbol{b}\boldsymbol{f}^T \boldsymbol{x}(t) = \left(\boldsymbol{A} - \boldsymbol{b}\boldsymbol{f}^T\right) \boldsymbol{x}(t) = \boldsymbol{A}_c \boldsymbol{x}(t) \tag{3.9}$$

が得られます。ここで，閉ループシステム行列を

$$\boldsymbol{A}_c = \boldsymbol{A} - \boldsymbol{b}\boldsymbol{f}^T \tag{3.10}$$

とおきます。この行列 $\boldsymbol{A}_c$ の固有値，すなわち，特性方程式

$$\det\left(s\boldsymbol{I} - \boldsymbol{A}_c\right) = 0 \tag{3.11}$$

の $n$ 個の根を**閉ループ極**といいます。

　古典制御で勉強したように，すべての閉ループ極が $s$ 平面の左半平面に存在していれば，この閉ループシステムは安定です。このとき，$t \to \infty$ のとき $x(t) \to 0$ となり，レギュレータ問題の最低限の制御目的が達成されます。さらに，古典制御で学んだように，$s$ 平面内の望ましい位置に閉ループ極を配置できれば，フィードバックシステムは望ましい過渡特性を持ちます。このとき，状態フィードバック制御によって望ましい位置に閉ループ極を配置できるかが問題になります。これを理論的に説明したものが，次節以降で与える可制御性の概念です。

## 3.3　倒立振子に対する状態フィードバック制御

　小学校の掃除の時間に，手でほうきを立てて遊んだことがある読者もいるでしょう（図 3.4）。この遊びを制御工学の実験装置としたものが，**倒立振子**[1] です。ほおっておくと倒立振子は倒れてしまうので**不安定システム**です。それをフィードバック制御によって安定に直立させることは，理論中心になりがちな制御工学を視覚的に理解できるので，多くの大学で制御工学の実験装置として用いられています。さらに，倒立振子を制御することは，たとえばロケットを打ち上げて，所望の方向へ飛翔させるような実問題にも通じます。本節では，倒立振子を用い

**図 3.4**　手でほうきを逆さに立てる遊びとロケット

---

[1] 制御の世界では，倒立振子を「とうりつふりこ」ではなく，「とうりつしんし」と読みます。これは制御コミュニティーの方言の一つです。

て状態フィードバック制御と可制御性について調べていきましょう。

例題 3.1 （倒立振子のモデリング） 図 3.5 のように，長さ $l$，質量 $m$ の剛体の棒を制御対象とします。この棒を逆さに立てるので**倒立振子**といいます。図に示すように鉛直方向からの振子の角度を $\theta(t)$ とします。指を水平方向（$x$ 方向）のみに動かすことによって鉛直方向（$y$ 方向）に直立させる，すなわち，$\theta(t) = 0$ とするレギュレータ問題を解くことがここでの制御問題です。

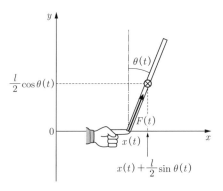

**図 3.5** 指で棒を立てる

いま，指からの加速度を制御入力

$$u(t) = \ddot{x}(t) \tag{3.12}$$

とします。加速度が入力というのは少し奇妙に感じるかもしれませんが，加速度に質量を乗じると力になるので，力を入力していることと同じだと考えてください。また，指と振子の間には摩擦がない状態で結合されているとします。

制御対象は力学システムなので，運動方程式を立てることからモデリングを始めましょう。まず，棒の重心の座標は

$$\left( x(t) + \frac{l}{2} \sin \theta(t), \ \frac{l}{2} \cos \theta(t) \right)$$

です。この重心の $x$ 成分と $y$ 成分に対してニュートンの第二法則を適用すると，運動方程式

$$x \text{ 成分：} \quad F \sin \theta(t) = m \frac{\mathrm{d}^2}{\mathrm{d}t^2} \left( x(t) + \frac{l}{2} \sin \theta(t) \right) \tag{3.13}$$

$$y \text{ 成分：} \quad F\cos\theta(t) - mg = m\frac{\mathrm{d}^2}{\mathrm{d}t^2}\left(\frac{l}{2}\cos\theta(t)\right) \tag{3.14}$$

が得られます。ここで，$g$ は重力加速度です。ここまでが物理学（力学）の世界です。

つぎに，物理学の世界から数学（微分）の世界に移動しましょう。式 (3.13)，(3.14) の左辺の微分を計算するために，高校数学で学んだ合成微分の復習をしておきましょう。

$$\frac{\mathrm{d}\sin\theta(t)}{\mathrm{d}t} = \frac{\mathrm{d}\sin\theta(t)}{\mathrm{d}\theta(t)}\frac{\mathrm{d}\theta(t)}{\mathrm{d}t} = \cos\theta(t)\frac{\mathrm{d}\theta(t)}{\mathrm{d}t} \tag{3.15}$$

このような合成微分を何回か行うことにより，式 (3.13)，(3.14) の右辺の 2 回微分を計算でき，次式が得られます。

$$\begin{aligned} F\sin\theta(t) &= m\frac{\mathrm{d}^2 x(t)}{\mathrm{d}t^2} + \frac{ml}{2}\left(\frac{\mathrm{d}^2\theta(t)}{\mathrm{d}t^2}\cos\theta(t) - \frac{\mathrm{d}\theta(t)}{\mathrm{d}t}\sin\theta(t)\right) \\ &= mu(t) + \frac{ml}{2}\left(\frac{\mathrm{d}^2\theta(t)}{\mathrm{d}t^2}\cos\theta(t) - \frac{\mathrm{d}\theta(t)}{\mathrm{d}t}\sin\theta(t)\right) \end{aligned} \tag{3.16}$$

$$F\cos\theta(t) - mg = \frac{ml}{2}\left(-\frac{\mathrm{d}^2\theta(t)}{\mathrm{d}t^2}\sin\theta(t) - \frac{\mathrm{d}\theta(t)}{\mathrm{d}t}\cos\theta(t)\right) \tag{3.17}$$

これらの式から $F$ を消去すると，

$$\frac{\mathrm{d}^2\theta(t)}{\mathrm{d}t^2} - \frac{2g}{l}\sin\theta(t) = -\frac{2}{l}\cos\theta(t)u(t) \tag{3.18}$$

が得られます。これがいま対象としているシステムの物理モデルを数学的に記述したものです。しかし，この方程式には $\sin\theta(t)$ や $\cos\theta(t)$ などの変数 $\theta(t)$ に関して非線形な関数が含まれるため，式 (3.18) は非線形 2 階微分方程式です。

式 (3.18) をここで想定している倒立振子の**詳細モデル**と呼びましょう。というのは，さまざまな角度 $\theta$ に対して厳密に成り立つ微分方程式だからです。この詳細モデルのままでは線形制御理論を適用することは難しいので，式 (3.18) を線形化することによって，詳細モデルから制御用の線形モデルを導出しましょう。そのようにして得られる線形モデルは**公称モデル**（nominal model）と呼ばれます。

$\sin\theta$, $\cos\theta$ を，倒立振子の**平衡点**である $\theta = 0$（直立状態に対応）でテイラー級数展開すると，

$$\sin\theta = \theta - \frac{\theta^3}{3!} + \frac{\theta^5}{5!} - \cdots + \frac{(-1)^{n-1}\theta^{2n-1}}{(2n-1)!} + \cdots$$

$$\cos\theta = 1 - \frac{\theta^2}{2!} + \frac{\theta^4}{4!} - \cdots + \frac{(-1)^n\theta^{2n}}{(2n)!} + \cdots$$

が得られます。これらの式の右辺で 2 次以上の項を無視し，1 次までの項で近似すると，

$$\sin\theta \approx \theta, \qquad \cos\theta \approx 1 \tag{3.19}$$

となります。これは，$\theta = 0$ の近傍では，$\theta^2$，$\theta^3$ などのような $\theta$ の 2 次以上の項は 0 とみなしてもよいだろう，という考えに基づいています。このような操作を数学では関数の**線形近似**，制御工学ではシステムの**線形化**といいます。

テイラー級数展開を使って線形化を説明すると難しそうに聞こえますが，図 3.6 に示すように $\sin\theta$ と $\cos\theta$ を図示すると理解しやすいでしょう。図のように，原点において正弦波 $\sin\theta$ の接線を引くと，これは傾き 1 の直線 $y = \theta$ になります。また，同じく原点において余弦波 $\cos\theta$ の接線を引くと $y = 1$ になります。これらが線形近似です。図で影をつけた $-0.5 < \theta < 0.5$〔rad〕の領域ではそれらの近似が成り立っていることが明らかです。特に，この領域では $\sin\theta = \theta$ がほぼ成り立っています。

式 (3.19) を式 (3.18) に代入すると，線形 2 階微分方程式

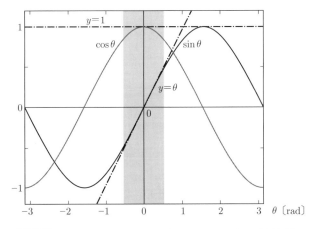

**図 3.6** 原点における三角関数（$\sin\theta$ と $\cos\theta$）の線形近似

$$\frac{d^2\theta(t)}{dt^2} - \frac{2g}{l}\theta(t) = -\frac{2}{l}u(t) \tag{3.20}$$

が得られます。ようやく古典制御の標準的な教科書で扱われる線形微分方程式の形式に変形できました。

いま，振子の角度 $\theta(t)$ が角度センサによって測定されるとすると，出力は，

$$y(t) = \theta(t) \tag{3.21}$$

になります。

古典制御ではラプラス変換を用いて微分方程式から伝達関数を導出します。一方，現代制御では第2章で説明したように微分方程式から状態空間表現を導出します。それらについて見ていきましょう。

### (1) 伝達関数の導出

微分方程式 (3.20) を初期値を 0 としてラプラス変換し，式 (3.21) を用いると，

$$\left(s^2 - \frac{2g}{l}\right)y(s) = -\frac{2}{l}u(s) \tag{3.22}$$

が得られます。ここで，$u(s)$ と $y(s)$ はそれぞれ $u(t)$ と $y(t)$ のラプラス変換です。そして，入出力信号のラプラス変換の比をとると，伝達関数

$$G(s) = \frac{y(s)}{u(s)} = -\frac{2}{l}\frac{1}{s^2 - \frac{2g}{l}} \tag{3.23}$$

が得られます。これがいま対象としている倒立振子の伝達関数です。

### (2) 状態空間表現の導出

式 (3.23) より，このシステムは 2 次の力学システムなので，これまで学んできたように，状態として角度 $\theta$ と角速度 $d\theta(t)/dt$ を選び，

$$\boldsymbol{x}(t) = \begin{bmatrix} x_1(t) \\ x_2(t) \end{bmatrix} = \begin{bmatrix} \theta(t) \\ \dfrac{d\theta(t)}{dt} \end{bmatrix} \tag{3.24}$$

とします。このときの状態空間表現を求めてみましょう。

ニュートンの運動方程式の例と同じように，式 (3.20) よりつぎの二つの微分方程式が得られます。

$$\frac{\mathrm{d}}{\mathrm{d}t}x_1(t) = x_2(t)$$

$$\frac{\mathrm{d}}{\mathrm{d}t}x_2(t) = \frac{2g}{l}x_1(t) - \frac{2}{l}u(t)$$

これらの式と式 (3.21) を用いると，つぎの状態空間表現が得られます。

$$\frac{\mathrm{d}}{\mathrm{d}t}\begin{bmatrix} x_1(t) \\ x_2(t) \end{bmatrix} = \begin{bmatrix} 0 & 1 \\ \dfrac{2g}{l} & 0 \end{bmatrix}\begin{bmatrix} x_1(t) \\ x_2(t) \end{bmatrix} + \begin{bmatrix} 0 \\ -\dfrac{2}{l} \end{bmatrix}u(t) \tag{3.25}$$

$$y(t) = \begin{bmatrix} 1 & 0 \end{bmatrix}\begin{bmatrix} x_1(t) \\ x_2(t) \end{bmatrix} \tag{3.26}$$

以上より，倒立振子の伝達関数と状態空間表現を導出することができました。これで制御対象のモデリングは完了です。

　制御工学の教科書や論文を読むと，最初から式 (3.20) のような線形微分方程式が与えられていたり，伝達関数や状態空間表現が用意されていたりすることが多いかもしれません。しかし，読者の皆さんが現実のシステムを制御しようとする場合には，まず，制御対象のモデリングを行う必要があります。この例題で扱ったような単純な力学システムの場合でも，物理法則を用いて非線形微分方程式を導出し，それを線形化して，伝達関数や状態空間表現を得ることは少々面倒な作業です。現実の制御対象はもっと複雑なので，モデリングには時間がかかります。企業の言葉を使えばモデリングには「工数」（作業時間）がかかるのです。しかし，合理的なモデルを構築することによって，後に続く制御対象の解析や制御器の設計を効率よく行う道筋が開けてきます。そのためにも，モデリングには時間をかけて，納得いくモデルを構築してほしいと思います。

例題 3.2 （倒立振子の解析）　この例題では，例題 3.1 で得られた倒立振子のモデルを用いて，制御対象を解析しましょう。

　式 (3.23) の伝達関数

$$G(s) = -\frac{2}{l}\frac{1}{s^2 - \dfrac{2g}{l}} \tag{3.27}$$

をもう一度じっくりと眺めてみましょう。この伝達関数の分母多項式の最高次数は 2 なので 2 次系です。しかし，式 (3.27) は，前著の Point 4.7 (p.69) で与え

た2次遅れ要素の標準形

$$G(s) = \frac{\omega_n^2}{s^2 + 2\zeta\omega_n s + \omega_n^2} \tag{3.28}$$

とはかなり形が違うことに気づくでしょう。ここで，$\zeta$ は減衰比，$\omega_n$ は固有角周波数であり，ともに非負の値をとります。すなわち，式 (3.28) で与えた伝達関数の分母多項式の係数はすべて非負です。

　古典制御で学んだラウスの安定判別法を用いると，分母多項式の係数がすべて同符号の2次系は安定であることが確かめられます。すなわち，式 (3.28) の2次系は安定，あるいは $\zeta = 0$ のときには安定限界であることを暗に仮定しており，右半平面に極が存在する不安定な伝達関数を対象としていなかったのです。この事実は，古典制御が開発された 1940 年代当時の制御の現場では，**プロセス制御**が大部分であり，その制御対象は温度，圧力，流量システムであり，それらは本質的に安定なシステムだったこととも関係しているでしょう。

　それに対して，式 (3.27) の倒立振子の伝達関数から極を計算すると，$s = \pm\sqrt{2g/l}$ が得られ，右半平面に極が存在するので，不安定です。事実，手を離すと棒は倒れてしまうので，明らかに倒立振子は不安定システムです。

　1960 年代以降の現代制御の時代になると，プロセス制御分野だけでなく，ロケットのような不安定な**メカニカルシステム**をはじめとしてさまざまな分野で制御が適用され始めました。そのため，倒立振子の例のような不安定システムを制御する問題を学んでおくことは意味のあることです。

　さらに，式 (3.25) の状態空間表現の $\boldsymbol{A}$ 行列の固有値を計算すると，$s = \pm\sqrt{2g/l}$ となり，伝達関数の極と一致することが確かめられます。

　一例として，$l = 0.2$ m，$g \approx 10$ m/s$^2$ と具体的な数値を設定した場合を考えましょう。このときの伝達関数は，

$$G(s) = -\frac{10}{s^2 - 100} \tag{3.29}$$

となります。これより，このシステムの極は $s = \pm 10$ となり，$s = 10$ という不安定極を持ちます。

　また，これらを式 (3.25)，(3.26) に代入すると，状態空間表現のシステム行列 $(\boldsymbol{A}, \boldsymbol{b}, \boldsymbol{c})$ は，それぞれつぎのようになります。

$$A = \begin{bmatrix} 0 & 1 \\ 100 & 0 \end{bmatrix}, \qquad b = \begin{bmatrix} 0 \\ -10 \end{bmatrix}, \qquad c^T = \begin{bmatrix} 1 & 0 \end{bmatrix} \qquad (3.30)$$

この数値例では，長さが 20 cm の短い棒を立てることを考えています。読者の皆さんはこのくらい短い棒を手で立てることができるでしょうか？ おそらくそれは難しく，30 cm 以上の長さの棒でないと手で立てることはできないでしょう。

いま，不安定極を

$$\alpha = \sqrt{\frac{2g}{l}}$$

とおくと，$s$ 平面におけるこの極の位置は，棒の長さ $l$ と重力加速度 $g$ の関数であることがわかります。この不安定極 $\alpha$ に対応する部分のインパルス応答は，

$$g(t) = e^{\alpha t}, \qquad t \geq 0 \text{ のとき}$$

と書くことができます。地球上で実験している限り，重力加速度の大きさは大きく変化しないので，この応答は棒の長さ $l$ の関数になります。棒の長さが短くなると，この応答は急激に発散していくので，制御が難しくなってしまいます。そのため，**短い棒ほど立てることが難しくなります**[2]。小学校の掃除のときにほうきを立てて遊べたのは，ほうきの長さが 1 メートルくらいあったからなのです。

実際の倒立振子の実験装置では，指に相当する部分は左右に動く台車になります。この台車は 2 次系で記述されるので，振子の 2 次系と合わせて全体のシステムは 4 次系になります。本書では，問題を簡単にするために，倒立振子システムをこの例題で与えたような 2 次系で表すことにします。以降の章では，この倒立振子の状態空間表現を，例題として利用していくので覚えておいてください。

この倒立振子システムは不安定システムなので，そのままでは倒れてしまいます。**不安定システムを安定化できるのは，フィードバック制御だけであること**を前著の Point 5.3（p.124）で学びました。そこで，つぎは倒立振子システムに状態フィードバック制御を適用して，安定化しましょう。

---

[2] もちろんセンサーとしての「目」の動特性や，アクチュエータとしての「手」の動特性を考慮して議論しなければいけませんが，ここではそれらの影響を無視したラフな議論だと思ってください。

例題 3.3 （倒立振子のコントローラ設計 (1)） 例題 3.2 の式 (3.30) で与えたシステム行列を持つ倒立振子システムに対して，状態フィードバック制御を適用して，フィードバックコントローラを設計してみましょう。

ここでは，つぎの制御システム設計仕様を与えます。

設計仕様 1 閉ループ極が $s = -10$ に重根を持つこと

すべての閉ループ極が $s$ 平面の左半平面に存在すれば安定になるので，ここでは，まず負の実軸上に閉ループ極を配置してみました。以下では，この設計仕様 1 を満たすように，式 (3.5) のフィードバックゲイン $f$ を決定する問題を考えます。

制御対象は 2 次系なので，フィードバックゲインを $(2 \times 1)$ 列ベクトル

$$\boldsymbol{f} = \begin{bmatrix} f_1 & f_2 \end{bmatrix}^T \tag{3.31}$$

とすると，式 (3.10) より，閉ループシステム行列は $\boldsymbol{A}_c$ は，

$$\boldsymbol{A}_c = \boldsymbol{A} - \boldsymbol{b}\boldsymbol{f}^T = \begin{bmatrix} 0 & 1 \\ 100 & 0 \end{bmatrix} - \begin{bmatrix} 0 \\ -10 \end{bmatrix} \begin{bmatrix} f_1 & f_2 \end{bmatrix}$$

$$= \begin{bmatrix} 0 & 1 \\ 100 + 10f_1 & 10f_2 \end{bmatrix} \tag{3.32}$$

となります。ここで，フィードバックゲイン $f_1$, $f_2$ が行列 $\boldsymbol{A}_c$ の 2 行目に入っている点がポイントです。式 (3.32) より，閉ループシステムの特性方程式は，

$$\det (s\boldsymbol{I} - \boldsymbol{A}_c) = s^2 - 10f_2 s - (100 + 10f_1) = 0 \tag{3.33}$$

となります。この 2 次方程式の二つの根が閉ループ極です。

式 (3.29) より，もとの倒立振子システムの極は $s = 10$ と $s = -10$ にありました。そこで，状態フィードバック制御により，$s = 10$ に存在する不安定極を，安定で望ましい領域に移動させることを考えます。この様子を図 3.7(a) に示しました。図中には，古典制御で学んだ望ましい極の位置も示します。この望ましい閉ループ極配置は前著の図 6.4（p.184）で示したものです。この領域内では，減衰比は $\zeta \geq 0.707$ となるので減衰特性がよく，原点からある程度離れているので固有角周波数が高く，速応性も良好です。現代制御の時代になっても，特に，

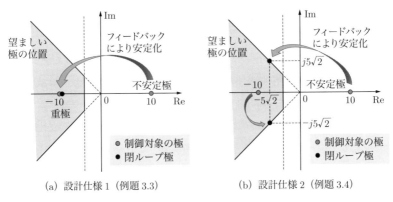

(a) 設計仕様 1（例題 3.3）　　　(b) 設計仕様 2（例題 3.4）

**図 3.7**　状態フィードバック制御によって閉ループ極を望みの位置へ配置

対象が線形システムの場合には古典制御で学んだ $s$ 領域での解析は重要であることを覚えておきましょう。

この例題の設計仕様 1 より，閉ループ極が $s = -10$ で重根を持つように指定されたので，それに対応する特性方程式は

$$(s + 10)^2 = s^2 + 20s + 100 = 0 \tag{3.34}$$

となります。式 (3.33) と式 (3.34) の係数を比較することにより，フィードバックゲインを

$$f_1 = -20, \quad f_2 = -2 \tag{3.35}$$

のように決定できます。このとき，フィードバック制御則は，

$$u(t) = 20x_1(t) + 2x_2(t) = 20\theta(t) + 2\frac{\mathrm{d}\theta(t)}{\mathrm{d}t} \tag{3.36}$$

となります。この例では，棒の角度と角速度をフィードバックすることにより制御則を決定していることがわかります。この例題のように，閉ループ極を望ましい位置に指定することによって，フィードバックゲインを決定する方法を**極配置法**（pole placement method）といいます。　　　　　　　　　　　　　♢

図 3.7(a) では，望ましい閉ループ極配置を濃い黒丸で示しています。いま考えているシステムは 2 次系なので，先ほど述べた 2 次遅れ要素の標準形

$$G(s) = \frac{\omega_n^2}{s^2 + 2\zeta\omega_n s + \omega_n^2} \tag{3.37}$$

の分母多項式と式 (3.34) を比較すると $\omega_n = 10$, $\zeta = 1$ が得られます。ここで，**固有角周波数** $\omega_n$ は速応性を表す物理パラメータであり，**減衰比** $\zeta$ は減衰特性を表す物理パラメータです。図 3.8 に安定化された閉ループ制御システムのステップ応答を実線で示します。この場合，古典制御の用語を使うと，減衰比の値からステップ応答がオーバーシュートしない**過制動**[3)]に対応します。この例題では，このようなダイナミクスを持つ 2 次系になるように，閉ループ制御システムを構成することが制御目的だったのです。

つぎの例題では，より速応性の優れた閉ループシステムを設計してみましょう。

例題 3.4 （倒立振子のコントローラ設計 (2)） 例題 3.3 では $\omega_n = 10$, $\zeta = 1$ となるように，閉ループ制御システムを設計しました。これは過制動であり応答の遅いものでした。そこで，$\omega_n = 10$ は変化させずに，$\zeta = 1/\sqrt{2} \approx 0.707$ とした場合，すなわち，**不足制動**[4)]にした場合のコントローラを設計しましょう。

この場合の特性方程式は，つぎのようになります[5)]。

$$s^2 + 2\zeta\omega_n s + \omega_n^2 = s^2 + 10\sqrt{2}s + 100 = 0 \tag{3.38}$$

この 2 次方程式を解くと，閉ループ極は

$$s = -5\sqrt{2} \pm j5\sqrt{2}$$

となるので，つぎの設計仕様をこの例題では与えましょう。

設計仕様 2 閉ループ極が $s = -5\sqrt{2} \pm j5\sqrt{2}$ に存在すること

この様子を図 3.7(b) に示しました。

式 (3.33) と式 (3.38) の係数を比較することにより，フィードバックゲインは

$$f_1 = -20, \quad f_2 = -\sqrt{2} \approx -1.414 \tag{3.39}$$

---

[3)] 前著の表 4.2 (p.71) を参照してください。
[4)] 前著の表 4.2 (p.71) を参照してください。
[5)] この特性方程式の根による極配置をバターワース極配置といいます。

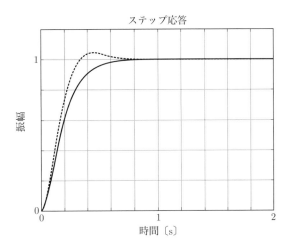

**図 3.8** 状態フィードバック制御により安定化された閉ループシステムの
ステップ応答（実線：設計仕様 1 ($\zeta = 1$），破線：設計仕様 2 ($\zeta = 0.707$)）

となります。この式を，例題 3.3 で得られた式 (3.35) と比較すると，位置フィー
ドバックゲイン $f_1$ は同じ値ですが，速度フィードバックゲイン $f_2$ の絶対値が
小さくなっています。速度フィードバックは減衰を与える役割を持つので，この
例題 3.4 では速応性を向上させるために，減衰を与える力を減らしていること
がわかります。図 3.8 に閉ループシステムのステップ応答を破線で示しました。
この場合は不足制動であるため，少しオーバーシュートが存在していますが，例
題 3.3 より立ち上がり時間が短くなり，速応性が改善されたことがわかります。

◇

これらの例題 3.3, 3.4 では望みの閉ループ極を与えることによってフィード
バックゲインを決定することができました。それに対して，望みの位置に閉ルー
プ極を指定できない例題をつぎに与えましょう。

例題 3.5 （倒立振子のコントローラ設計 (3)) 倒立振子の状態空間表現の $\boldsymbol{A}$
行列は例題 3.2 の式 (3.30) で与えたものと同じとし，$\boldsymbol{b}$ ベクトルだけを次式のよ
うに変化させたシステムを考えます。

$$\boldsymbol{b} = \begin{bmatrix} -1 \\ -10 \end{bmatrix} \tag{3.40}$$

ここでは，例題 3.2 では 0 であった $\boldsymbol{b}$ の 1 番目の要素を，$-1$ に変えました。このシステムに対して，任意の位置に閉ループ極を配置可能かどうかを確かめてみましょう。

例題 3.3 と同じように，フィードバックゲインを

$$\boldsymbol{f} = \left[\begin{array}{cc} f_1 & f_2 \end{array}\right]^T \tag{3.41}$$

とすると，閉ループシステム行列は，

$$\boldsymbol{A}_c = \left[\begin{array}{cc} f_1 & 1+f_2 \\ 100+10f_1 & 10f_2 \end{array}\right] \tag{3.42}$$

となります。これより，閉ループシステムの特性方程式は，

$$s^2 - (f_1 + 10f_2)s + \{10f_1 f_2 - 10(10+f_1)(1+f_2)\} = 0 \tag{3.43}$$

となります。

いま，閉ループ極を $s_1$, $s_2$ とおくと，

$$(s-s_1)(s-s_2) = s^2 - (s_1+s_2)s + s_1 s_2 = 0 \tag{3.44}$$

となります[6]。式 (3.43) と式 (3.44) の係数を比較することにより，連立方程式

$$\left\{\begin{array}{l} f_1 + 10f_2 = s_1 + s_2 \\ -10(f_1 + 10f_2 + 10) = s_1 s_2 \end{array}\right. \tag{3.45}$$

が得られます。これらから $f_1 + 10f_2$ を消去すると，

$$-10(s_1 + s_2 + 10) = s_1 s_2$$
$$\therefore \quad (s_1 + 10)(s_2 + 10) = 0 \tag{3.46}$$

となり，$s_1 = s_2 = -10$ が得られます。これより，このシステムの場合，どのようなフィードバックゲイン $f_1$, $f_2$ を選んでも，$s = -10$ 以外の場所には閉ループ極を配置することができないことがわかります。このようなシステムは**不可制御**であるといわれます。 ◇

例題 3.3 では，いったい何が起きているのかについて詳しく調べてみましょう。そのために，ベクトル $\boldsymbol{c}$ を一般的に

---

[6] この式をみると，高校数学の根と係数の関係を思い出しますね。

$$\boldsymbol{c} = \left[\begin{array}{cc} c_1 & c_2 \end{array}\right]^T$$

とおいて，この場合の倒立振子の伝達関数を計算すると，

$$G(s) = \boldsymbol{c}^T(s\boldsymbol{I} - \boldsymbol{A})^{-1}\boldsymbol{b} = -\frac{(c_1 + 10c_2)(s + 10)}{(s + 10)(s - 10)} = -\frac{c_1 + 10c_2}{s - 10} \quad (3.47)$$

が得られます。このように，$s = -10$ で安定な**極零相殺**（pole-zero cancellation）[7] が起こり，入出力関係を表す伝達関数の次数が，2 次から 1 次に低減しています。$c_1 = -10c_2$ の場合には，$G(s) = 0$ となってしまいますが，$c_1 \neq -10c_2$ の場合には，この極零相殺は $\boldsymbol{c}$ には関係なく，$\boldsymbol{A}$ と $\boldsymbol{b}$ だけに関係します。

　この不思議な性質について，もう少し調べてみましょう。そのためには**線形代数の固有値**と**固有ベクトル**の知識が必要になるので，これらについてつぎの Point 3.2 でまとめておきます。

---

**Point 3.2** 　固有値と固有ベクトル

$(n \times n)$ 正方行列 $\boldsymbol{A}$ に対して，

$$\boldsymbol{A}\boldsymbol{v}_i = \lambda_i \boldsymbol{v}_i, \qquad i = 1, 2, \ldots, n \tag{3.48}$$

を満たすスカラー $\lambda_i$ を**固有値**（eigenvalue），ベクトル $\boldsymbol{v}_i$ を**固有ベクトル**（eigenvector）といいます。式 (3.48) より，

$$(\boldsymbol{A} - \lambda_i \boldsymbol{I})\boldsymbol{v}_i = \boldsymbol{0} \tag{3.49}$$

が得られます。ここで，$\boldsymbol{I}$ は単位行列です。この方程式 (3.49) が非零の解 $\boldsymbol{v}_i$ を持つためには，行列 $\boldsymbol{A} - \lambda_i \boldsymbol{I}$ が特異である，すなわち，

$$\det(\boldsymbol{A} - \lambda_i \boldsymbol{I}) = 0 \tag{3.50}$$

が成り立つ必要があります。この式は $\lambda$ を変数とする $n$ 次方程式になるので，$n$ 個の根 $\lambda_i$ を持ちます。これらが固有値です。

---

[7] 安定な極零相殺とは，$s$ 平面の左半平面に存在する零点と極が分子と分母で約分されることです。

それぞれの固有値 $\lambda_i$ に対して，式 (3.49) を解いて，固有ベクトル $\boldsymbol{v}_i$ を求めます。固有ベクトルはその方向だけが決まるので，その大きさはユーザーが決めることができます。

それでは，式 (3.30) で与えた倒立振子のシステム行列

$$\boldsymbol{A} = \left[ \begin{array}{cc} 0 & 1 \\ 100 & 0 \end{array} \right] \tag{3.51}$$

の固有値と固有ベクトルを計算してみましょう。

まず，式 (3.51) を式 (3.50) に代入すると，

$$\det \left[ \begin{array}{cc} -\lambda & 1 \\ 100 & -\lambda \end{array} \right] = \lambda^2 - 100 = 0$$

となり，これより二つの固有値は

$$\lambda_1 = 10, \quad \lambda_2 = -10$$

が得られます。つぎに，固有ベクトルを

$$\boldsymbol{v} = \left[ \begin{array}{c} \alpha \\ \beta \end{array} \right]$$

とおくと，式 (3.49) は，

$$\left[ \begin{array}{cc} 0 & 1 \\ 100 & 0 \end{array} \right] \left[ \begin{array}{c} \alpha \\ \beta \end{array} \right] = \lambda \left[ \begin{array}{c} \alpha \\ \beta \end{array} \right]$$

となります。これより，

$$\beta = \lambda\alpha$$
$$100\alpha = \lambda\beta$$

が得られます。

すると，$\lambda_1 = 10$ のときの固有ベクトルは，

$$\boldsymbol{v}_1 = \left[ \begin{array}{c} 1 \\ 10 \end{array} \right]$$

となり，$\lambda_2 = -10$ のときの固有ベクトルは，

$$\boldsymbol{v}_2 = \begin{bmatrix} 1 \\ -10 \end{bmatrix}$$

となります。Point 3.2 で述べたように，固有ベクトルの選び方には自由度があるので，ここでは第 1 要素を 1 にしました。

固有値と固有ベクトルに関連する重要な項目に固有値分解があります。それについてつぎの Point 3.3 でまとめておきます。

---

**Point 3.3** 固有値分解

$(n \times n)$ 正方行列 $\boldsymbol{A}$ の固有値を $\lambda_i$，固有ベクトルを $\boldsymbol{v}_i$ とします。ここで，$i = 1, 2, \ldots, n$ です。固有値を対角要素に持つ対角行列 $\boldsymbol{\Lambda}$ を

$$\boldsymbol{\Lambda} = \mathrm{diag}[\lambda_1, \lambda_2, \ldots, \lambda_n] = \begin{bmatrix} \lambda_1 & 0 & \cdots & 0 \\ 0 & \lambda_2 & \cdots & 0 \\ \vdots & & \ddots & \vdots \\ 0 & 0 & \cdots & \lambda_n \end{bmatrix} \tag{3.52}$$

のように構成します。ここで，固有値 $\lambda_i$ は相異なるものとし，大きい順に並んでいるとします。すなわち，

$$\lambda_1 \geq \lambda_2 \geq \cdots \geq \lambda_n$$

とします。これらの固有値に対応する固有ベクトル $\boldsymbol{v}$ を列に並べて，行列 $\boldsymbol{V}$ を

$$\boldsymbol{V} = \begin{bmatrix} \boldsymbol{v}_1 & \boldsymbol{v}_2 & \cdots & \boldsymbol{v}_n \end{bmatrix} \tag{3.53}$$

のように構成します。このとき，

$$\boldsymbol{A} = \boldsymbol{V} \boldsymbol{\Lambda} \boldsymbol{V}^{-1} \tag{3.54}$$

のように分解でき，これを行列 $\boldsymbol{A}$ の**固有値分解** (eigenvalue decomposition：EVD) といいます。

---

式 (3.54) の両辺において，左から $\boldsymbol{V}^{-1}$ を乗じ，右から $\boldsymbol{V}$ を乗じると，

$$\mathbf{\Lambda} = \mathbf{V}^{-1}\mathbf{A}\mathbf{V} \tag{3.55}$$

が得られます。この操作を行列 $\mathbf{A}$ の**対角化**といいます。線形代数を勉強された方は頭の片隅に対角化の記憶があるのではないでしょうか。

　固有値分解は正方行列に対するものですが，それを矩形行列[8]に対して拡張したものが**特異値分解**（singular value decomposition：SVD）です。SVD は本書よりさらに進んだ制御理論においても利用される重要なものであり，さまざまな工学分野で活用されています。

　さて，式 (3.51) の行列 $\mathbf{A}$ に対して式 (3.53) の行列 $\mathbf{V}$ を構成すると，

$$\mathbf{V} = \begin{bmatrix} \mathbf{v}_1 & \mathbf{v}_2 \end{bmatrix} = \begin{bmatrix} 1 & 1 \\ 10 & -10 \end{bmatrix} \tag{3.56}$$

となります。これより，

$$\mathbf{V}^{-1} = \frac{1}{20}\begin{bmatrix} 10 & 1 \\ 10 & -1 \end{bmatrix} \tag{3.57}$$

となります。念のため，固有値分解の式 (3.54) を計算すると，

$$\mathbf{V}\mathbf{\Lambda}\mathbf{V}^{-1} = \begin{bmatrix} 1 & 1 \\ 10 & -10 \end{bmatrix}\begin{bmatrix} 10 & 0 \\ 0 & -10 \end{bmatrix}\frac{1}{20}\begin{bmatrix} 10 & 1 \\ 10 & -1 \end{bmatrix} = \begin{bmatrix} 0 & 1 \\ 100 & 0 \end{bmatrix}$$

のように，$\mathbf{A}$ が得られました。

　以上の準備のもとで本論に戻りましょう。正則変換行列 $\mathbf{T}$ を式 (3.56) の $\mathbf{V}$ に選びます。

$$\mathbf{T} = \begin{bmatrix} 1 & 1 \\ 10 & -10 \end{bmatrix} \tag{3.58}$$

2.4 節で勉強したように，この変換行列を用いて状態空間表現を正則変換します。すなわち，

$$\mathbf{x}(t) = \mathbf{T}\mathbf{z}(t) \tag{3.59}$$

のように状態変数を変換し，新しい状態変数 $\mathbf{z}(t)$ に対する状態空間表現

---

[8] 行の数と列の数が等しくない長方形行列のことです。

$$\frac{\mathrm{d}}{\mathrm{d}t}\boldsymbol{z}(t) = \bar{\boldsymbol{A}}\boldsymbol{z}(t) + \bar{\boldsymbol{b}}u(t) \tag{3.60}$$

$$y(t) = \bar{\boldsymbol{c}}^T \boldsymbol{z}(t) \tag{3.61}$$

を記述します。ただし，

$$\bar{\boldsymbol{A}} = \boldsymbol{T}^{-1}\boldsymbol{A}\boldsymbol{T} = \begin{bmatrix} 10 & 0 \\ 0 & -10 \end{bmatrix} \tag{3.62}$$

$$\bar{\boldsymbol{b}} = \boldsymbol{T}^{-1}\boldsymbol{b} = -\begin{bmatrix} 1 \\ 0 \end{bmatrix} \tag{3.63}$$

$$\bar{\boldsymbol{c}}^T = \boldsymbol{c}^T\boldsymbol{T} = \begin{bmatrix} 1 & 1 \end{bmatrix} \tag{3.64}$$

です。このように $\boldsymbol{A}$ 行列が対角化された形式は**対角正準形**，あるいは**モード正準形**と呼ばれます。これについては，3.5 節で詳しく説明します。

式 (3.60)，(3.61) の状態空間表現を要素ごとに書くと，次式が得られます。

$$\frac{\mathrm{d}}{\mathrm{d}t}z_1(t) = 10z_1(t) - u(t)$$

$$\frac{\mathrm{d}}{\mathrm{d}t}z_2(t) = -10z_2(t)$$

$$y(t) = z_1(t) + z_2(t)$$

この様子を図 3.9 でブロック線図で表現します。図より明らかなように，1 番目の状態（**モード**ともいいます）$z_1(t)$ には入力 $u(t)$ が加わっているので制御できますが，2 番目の状態（モード）$z_2(t)$ には $u(t)$ が入力されていないので，制御することができません。このようなとき，「モード 1 は可制御だが，モード 2 は不可制御である」といい，全体としてこのシステムは**不可制御**であるといいます。

一方，出力 $y(t)$ には二つの状態が接続されているため，この場合には，二つのモードとも可観測であり，全体としてこのシステムは**可観測**であると呼ばれます。可観測については次章で解説します。

図 3.9 のブロック線図より，入出力信号が接続されているブロックは，モード 1 のみであり，このシステムの $u$ から $y$ までの伝達関数は，

$$G(s) = -\frac{1}{s - 10}$$

になります。これは，式 (3.47) において，$c_1 = 1$，$c_2 = 0$ を代入した結果と一致します。

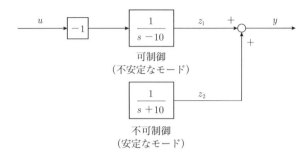

**図 3.9**　対角正準形のブロック線図（不可制御の場合）

　この例題では，よいニュースが一つあります．図 3.9 よりモード 2 は不可制御ですが，その極は $s = -10$ で安定なので，このモードでは初期値などの影響は時間の経過とともに 0 に収束します．一方，モード 1 は $s = 10$ に不安定極を持ちますが，入力 $u$ によって制御できるので，フィードバック制御を用いて安定化することができます．この例のように，不可制御なモードが安定な場合には，時間の経過とともにそのモードが発散することがないので，このシステムは**可安定**（stabilizable）であると呼ばれます．図 3.10 に可制御と可安定の包含関係を示しました．このように，いま対象としているシステムは，不可制御ですが可安定です．

　さて，式 (3.30) で与えたもとの倒立振子システムの場合，

$$\boldsymbol{b} = \left[ \begin{array}{c} 0 \\ -10 \end{array} \right]$$

なので，これを式 (3.58) の正則変換行列で変換すると，

$$\bar{\boldsymbol{b}} = \left[ \begin{array}{c} -0.5 \\ 0.5 \end{array} \right]$$

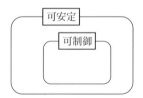

**図 3.10**　可制御と可安定の包含関係

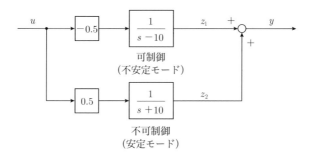

図 3.11 対角正準形のブロック線図（可制御の場合）

となり，このときのシステムのブロック線図を図 3.11 に示します。図より明らかなように，入力 $u$ はモード 1 とモード 2 の両方に接続されているので，このシステムは可制御です。

図 3.11 のブロック線図から，このシステムの伝達関数を計算すると，

$$G(s) = -\frac{1}{2}\frac{1}{s-10} + \frac{1}{2}\frac{1}{s+10} = -\frac{10}{s^2-100} \tag{3.65}$$

となり，式 (3.29) と一致します。

## 3.4 可制御性の定義とその判別法

前節では，倒立振子の例題を通して可制御性と不可制御性について紹介しました。本節では，可制御性の定義とその判別法を与えます。

**Point 3.4** 可制御性

ある有限時間 $t = t_f$ で，任意の初期状態 $\boldsymbol{x}(0) = \boldsymbol{x}_0$ を任意の状態 $\boldsymbol{x}_f$ に移す入力 $u(t)$ が存在するとき，システムは**可制御**（controllable）であるといいます。そのような入力が存在しないとき，システムは**不可制御**（uncontrollable）であるといいます。

この定義を理解するのは少し難しいので，可制御性を調べる一般的な方法をつぎに与えましょう。

### Point 3.5　可制御性の判別法

SISO 線形システムが可制御であるための必要十分条件は，次式で定義される $(n \times n)$ 正方行列，

$$U_c = \begin{bmatrix} b & Ab & A^2b & \cdots & A^{n-1}b \end{bmatrix} \tag{3.66}$$

が正則であることです[9]。ここで，$U_c$ は**可制御行列** (controllability matrix) と呼ばれます。

　MIMO 線形システムが可制御であるための必要十分条件は，

$$\mathrm{rank}\, U_c = n \tag{3.67}$$

です。すなわち，行列 $U_c$ が行フルランクになることです。

なお，これらの導出は省略します。

　Point 3.5 から明らかなように，可制御性は $A$ と $b$ のみに依存し，$c$ には依存しません。そのため，「対 $(A, b)$ が可制御である」，と呼ばれることもあります

**例題 3.6**（倒立振子の可制御性 (1)）　例題 3.3 の倒立振子システムの可制御行列を構成して，このシステムの可制御性を調べてみましょう。

　このシステムの可制御行列を構成すると，つぎのようになります。

$$U_c = \begin{bmatrix} b & Ab \end{bmatrix} = \begin{bmatrix} 0 & -10 \\ -10 & 0 \end{bmatrix}$$

この行列は正則なので，このシステムは可制御です。　　　　　　　　　　◇

**例題 3.7**（倒立振子の可制御性 (2)）　例題 3.5 のシステムの可制御行列を構成して，このシステムの可制御性を調べましょう。

　可制御行列を構成すると，つぎのようになります。

---

[9] 線形代数のケイリー・ハミルトンの定理より，$A^n$ より高次のべき乗は，$A^{n-1}$ までのべき乗の線形結合で記述できるので，式 (3.66) のように可制御行列を構成するときに $A^{n-1}$ までを利用しています。

$$\boldsymbol{U}_c = \left[ \begin{array}{cc} \boldsymbol{b} & \boldsymbol{Ab} \end{array} \right] = \left[ \begin{array}{cc} -1 & -10 \\ -10 & -100 \end{array} \right]$$

この行列の第 1 列を 10 倍すると第 2 列と一致するので，ランクは 1 で正則であ りません。よって，このシステムは不可制御です。　　　　　　　　　　◇

　前節では，システムの状態空間表現を対角正準形に変換して可制御性を調べま したが，Point 3.5 の判別法を用いると，より簡単に，そして一般的に可制御性 を判別することができます。

例題 3.8 （タンクシステムの可制御性）　図 3.12 に示すタンクシステムの可制御 性について調べてみましょう。

## (a) 一つのタンクシステム

　まず，図 3.12(a) に示す一つのタンクの水位を制御する問題を考えましょう。 図において，タンクに流入する水量を入力 $u(t)$ とし，タンクの水位 $x(t)$ を出力 とします。タンクには排水口があり，その液体抵抗を $R$ とし，$S$ はタンクの断 面積です。

　最初に行うことはタンクシステムのモデリングです。タンクの水位と流出水量 の間にはベルヌーイの定理が成り立ち，それをもとに物理モデリングを行いま す。しかし，この法則は非線形方程式で記述されます。そこで，流入水量が微小 で，水位の変化が微小という仮定のもとで線形近似すると，タンクシステムの状

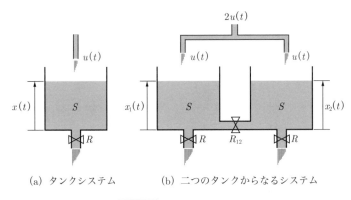

(a) タンクシステム　　　(b) 二つのタンクからなるシステム

図 3.12　タンクシステム

態空間表現

$$\frac{\mathrm{d}}{\mathrm{d}t}x(t) = -\frac{1}{SR}x(t) + \frac{1}{S}u(t) \tag{3.68}$$

$$y(t) = x(t) \tag{3.69}$$

が得られます。これよりシステムの伝達関数を計算すると，

$$G(s) = \frac{\frac{1}{S}}{s + \frac{1}{SR}} = \frac{R}{SRs + 1} \tag{3.70}$$

となります。このように，線形近似したタンクシステムは1次系なので，出力の数と状態の数はともに1で等しく，かつ，式 (3.68) の右辺で入力の係数が非零なので可制御です。

### (b) 二つのタンクシステム

つぎに，図 3.12(b) に示す二つの同じダイナミクスを持つタンクからなるシステムを考えましょう。図において，左側のタンクの水位を $x_1(t)$，右側のタンクの水位を $x_2(t)$ とします。これらがこのシステムの状態変数になります。二つのタンクとも断面積は $S$，液体抵抗は $R$ とします。また，二つのタンクは管でつながれており，その液体抵抗を $R_{12}$ とします。さらに，二つのタンクには同一の水量 $u(t)$ が入力されているとします。このとき，このシステムの状態方程式は，

$$\frac{\mathrm{d}}{\mathrm{d}t}\begin{bmatrix} x_1(t) \\ x_2(t) \end{bmatrix} = \begin{bmatrix} -\frac{1}{S}\left(\frac{1}{R} + \frac{1}{R_{12}}\right) & \frac{1}{SR_{12}} \\ \frac{1}{SR_{12}} & -\frac{1}{S}\left(\frac{1}{R} + \frac{1}{R_{12}}\right) \end{bmatrix}\begin{bmatrix} x_1(t) \\ x_2(t) \end{bmatrix}$$

$$+ \frac{1}{S}\begin{bmatrix} 1 \\ 1 \end{bmatrix}u(t) \tag{3.71}$$

となります。

このとき，可制御行列を計算すると，

$$\boldsymbol{U}_c = \begin{bmatrix} \boldsymbol{b} & \boldsymbol{Ab} \end{bmatrix} = \begin{bmatrix} \frac{1}{S} & -\frac{1}{S^2R} \\ \frac{1}{S} & -\frac{1}{S^2R} \end{bmatrix} \tag{3.72}$$

となります。この行列のランクは1なので，いま考えているシステムは不可制御です。この例のように，同じダイナミクスを持つ並列システムは，同一の入力では二つの状態を別々に制御することができません。　　　　　　　　　　◇

このほかにも，電気回路のホイートストンブリッジで平衡条件が成り立つときなど，不可制御の例を見つけることができます[10]。読者の皆さんも，不可制御の例を探してください。

## 3.5 可制御正準形によるシステムの実現

図 3.13 に示す加算器，係数倍器，積分器は**基本演算素子**[11]と呼ばれます。古典制御では伝達関数を用いてラプラス領域でブロック線図を描きましたが，この図のように現代制御では微分方程式を用いて時間領域でブロック線図を描いていることに注意しましょう。本節では，これらの基本演算素子を用いて状態空間表現を構成する問題を考えます。この問題は回路を実現することに対応するので，**実現問題**とも呼ばれます。

まず，2 階微分方程式

$$\frac{\mathrm{d}^2 y(t)}{\mathrm{d}t^2} + a_1 \frac{\mathrm{d}y(t)}{\mathrm{d}t} + a_0 y(t) = b_1 \frac{\mathrm{d}u(t)}{\mathrm{d}t} + b_0 u(t) \tag{3.73}$$

によって記述される 2 次系を例にとって，状態空間表現の実現を解説しましょう。

すべての初期値を 0 とおいて，式 (3.73) をラプラス変換すると，このシステムの伝達関数は，

$$G(s) = \frac{B(s)}{A(s)} = \frac{b_1 s + b_0}{s^2 + a_1 s + a_0} \tag{3.74}$$

であることがわかります。ここで，伝達関数の分母多項式と分子多項式をそれぞれ次式のようにおきました。

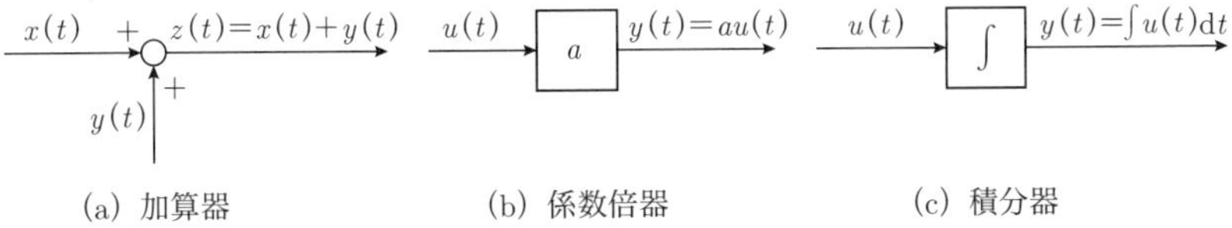

(a) 加算器          (b) 係数倍器          (c) 積分器

**図 3.13** 三つの基本演算素子

---

[10] たとえば，古田，佐野著『基礎システム理論』第 2 章，コロナ社，1978.

[11] 基本演算素子については，拙著『制御工学の基礎』東京電機大学出版局，pp.71 〜 72 を参照してください。

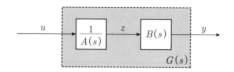

**図 3.14** 対象システムの分解

$$A(s) = s^2 + a_1 s + a_0, \quad B(s) = b_1 s + b_0$$

入力 $u(s)$ から出力 $y(s)$ までの入出力関係を表したものが伝達関数です。以下では，次式のように $u(s)$ から $z(s)$ を介して $y(s)$ に到達するとしましょう。すなわち，図 3.14 に示すように，

$$y(s) = B(s)z(s) \tag{3.75}$$

$$z(s) = \frac{1}{A(s)}u(s) \tag{3.76}$$

とおきます。

式 (3.76) の分母を払って，ラプラス領域から時間領域に戻すと，微分方程式

$$\frac{\mathrm{d}^2 z(t)}{\mathrm{d}t^2} + a_1 \frac{\mathrm{d}z(t)}{\mathrm{d}t} + a_0 z(t) = u(t)$$

が得られます。これより次式が得られます。

$$\frac{\mathrm{d}^2 z(t)}{\mathrm{d}t^2} = -a_1 \frac{\mathrm{d}z(t)}{\mathrm{d}t} - a_0 z(t) + u(t)$$

これまでしばしば用いてきたように，状態として，

$$x_1(t) = z(t), \quad x_2(t) = \frac{\mathrm{d}z(t)}{\mathrm{d}t}$$

とおくと，

$$\frac{\mathrm{d}x_1(t)}{\mathrm{d}t} = x_2(t) \tag{3.77}$$

$$\begin{aligned}\frac{\mathrm{d}x_2(t)}{\mathrm{d}t} &= \frac{\mathrm{d}^2 x_1(t)}{\mathrm{d}t^2} = -a_1 \frac{\mathrm{d}z(t)}{\mathrm{d}t} - a_0 z(t) + u(t) \\ &= -a_0 x_1(t) - a_1 x_2(t) + u(t)\end{aligned} \tag{3.78}$$

が得られます。これが状態方程式です。

つぎに，式 (3.75) を微分方程式に戻すと，

$$y(t) = b_1 \frac{\mathrm{d}z(t)}{\mathrm{d}t} + b_0 z(t) = b_0 x_1(t) + b_1 x_2(t) \tag{3.79}$$

が得られます。これが出力方程式です。

式 (3.77)〜(3.79) より，つぎの状態空間表現が導かれます。

$$\frac{\mathrm{d}}{\mathrm{d}t} \begin{bmatrix} x_1(t) \\ x_2(t) \end{bmatrix} = \begin{bmatrix} 0 & 1 \\ -a_0 & -a_1 \end{bmatrix} \begin{bmatrix} x_1(t) \\ x_2(t) \end{bmatrix} + \begin{bmatrix} 0 \\ 1 \end{bmatrix} u(t) \tag{3.80}$$

$$y(t) = \begin{bmatrix} b_0 & b_1 \end{bmatrix} \begin{bmatrix} x_1(t) \\ x_2(t) \end{bmatrix} \tag{3.81}$$

この状態空間表現では，行列 $A$ の最終行（第 2 行です）に伝達関数の分母多項式の係数 $a_0$, $a_1$ にマイナスをつけたものが番号順に並び，ベクトル $c$ には伝達関数の分子多項式の係数 $b_0$, $b_1$ が番号順に並んでいます。

式 (3.80), (3.81) により状態空間実現されたシステムを，**基本演算素子を用いて回路実現したものが図 3.15 に示すブロック線図です。初めて見ると，何が描かれているかわかりづらいかもしれません。そこで，これまでの式との対応関係を調べていきましょう。まず，図において，入力 $u(t)$ が加わる加算器の入出力が，式 (3.78) に対応します。つぎに，最初の積分器の出力が式 (3.77) を表しています。図 3.15 のブロック線図の左側（積分器が二つ含まれるところ）が状態方程式 (3.80) を表しています。この 2 次系の例では積分器を 2 個使っています。そして，図 3.15 のブロック線図の右側の加算器が式 (3.79) の出力方程式を表しています。すなわち，このブロック線図の右側が出力方程式 (3.81) を表しています。

図 3.15 に示したように，動的システムを回路実現するために最低必要な積分器の個数を，そのシステムの**次数**と定義することもできます。

図 3.15 のブロック線図で特徴的なことは，式 (3.74) で与えたこのシステムの伝達関数表現の分母多項式の係数 $a_0$, $a_1$ がフィードバックループで登場し，分子多項式の係数 $b_0$, $b_1$ がフィードフォワードの方向で登場していることです。通常，伝達関数 $G(s)$ は分数の形（有理多項式といいます）で与えられ，除算を含んでいます。前著の p.32 で述べたように「**除算が登場したら，どこかにフィードバックループが隠れている**」ことを思い出しましょう。そして，フィードバックループが存在する場合には，安定性などを考えなければなりません。

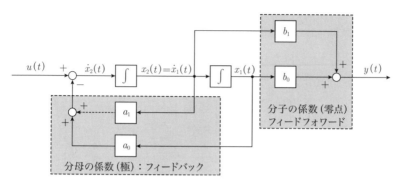

**図 3.15** 2 次系の回路実現

　この例から明らかなように，システムの伝達関数表現からシステムの**回路実現**，すなわち状態空間表現を導くことができます。このように，システムの伝達関数表現を状態空間表現に変換することは，システムを回路実現することに対応するので，状態空間表現することをシステムの**実現**（realization）と呼びます。図 3.15 の実現は，**可制御正準形**（control canonical form）と呼ばれる，フィードバック制御にとって重要な実現形式です。たとえば，前述した対角正準形のように，これ以外にも回路実現する方法があります。さらに，次章では可観測正準形を紹介します。

　以上では，2 次系の回路実現を示しました。一般的な伝達関数

$$G(s) = \frac{b_{n-1}s^{n-1} + b_{n-2}s^{n-2} + \cdots + b_1 s + b_0}{s^n + a_{n-1}s^{n-1} + \cdots + a_1 s + a_0} \tag{3.82}$$

で記述される $n$ 次系の場合も，同様にして次式のように可制御正準形で実現することができます。

$$\boldsymbol{A}_{\mathrm{con}} = \begin{bmatrix} 0 & 1 & 0 & \cdots & 0 \\ 0 & 0 & 1 & \cdots & 0 \\ \vdots & \vdots & & \ddots & \vdots \\ 0 & 0 & 0 & \cdots & 1 \\ -a_0 & -a_1 & -a_2 & \cdots & -a_{n-1} \end{bmatrix}, \quad \boldsymbol{b}_{\mathrm{con}} = \begin{bmatrix} 0 \\ \vdots \\ 0 \\ 1 \end{bmatrix} \tag{3.83}$$

$$\boldsymbol{c}_{\mathrm{con}}^T = \begin{bmatrix} b_0 & b_1 & \cdots & b_{n-1} \end{bmatrix} \tag{3.84}$$

可制御正準形の回路実現を図 3.16 に示しました。

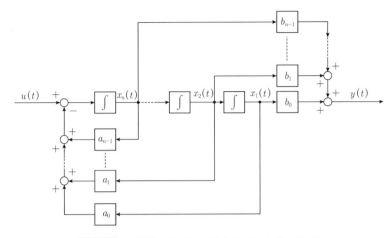

**図 3.16** 可制御正準形の回路実現（$n$ 次系の場合）

　繰り返しになりますが，システムの伝達関数が既知の場合には，行列 $A$ の最下行に，伝達関数の分母多項式の係数にマイナスをつけて番号順に並べ，ベクトル $c$ に，分子多項式の係数を番号順に並べると，状態空間表現を得ることができます。

　二つの例題をとおして，伝達関数から可制御正準形を実現する方法を勉強しましょう。

**例題 3.9**（可制御正準形の実現 (1)）　伝達関数が

$$G(s) = \frac{s + 2}{s^2 + 7s + 12}$$

である線形システムを可制御正準形を用いて状態空間実現しましょう。

　与えられた伝達関数を式 (3.82) の一般的な伝達関数と比較することにより，$n = 2$, $a_0 = 12$, $a_1 = 7$, $b_0 = 2$, $b_1 = 1$ が得られます。これらを式 (3.83)，(3.84) に代入すると，状態空間表現

$$\frac{\mathrm{d}}{\mathrm{d}t} \begin{bmatrix} x_1(t) \\ x_2(t) \end{bmatrix} = \begin{bmatrix} 0 & 1 \\ -12 & -7 \end{bmatrix} \begin{bmatrix} x_1(t) \\ x_2(t) \end{bmatrix} + \begin{bmatrix} 0 \\ 1 \end{bmatrix} u(t)$$

$$y(t) = \begin{bmatrix} 2 & 1 \end{bmatrix} \begin{bmatrix} x_1(t) \\ x_2(t) \end{bmatrix}$$

が得られます。　　　　　　　　　　　　　　　　　　　　　　　　◇

**例題 3.10**（可制御正準形の実現 (2)）　伝達関数が

$$G(s) = \frac{s^2 + 5s + 3}{s^2 + 3s + 2}$$

である線形システムを可制御正準形で状態空間実現しましょう。

このシステムは伝達関数の分子と分母の次数が等しい**プロパー**なシステムなので，最初に直達項を計算する必要があります。そのために，伝達関数の分子を分母で割って，直達項と，分母の方が分子よりも次数が高い，**厳密にプロパー**なシステムとの和に分解します。

$$G(s) = \frac{(s^2 + 3s + 2) + (2s + 1)}{s^2 + 3s + 2} = 1 + \frac{2s + 1}{s^2 + 3s + 2}$$

ここで，右辺第 1 項の 1 が直達項であり，これが状態空間表現の $d$ に対応します。そして，右辺第 2 項に関しては，これまでと同様の手順で可制御正準形を構成することになります。その結果，

$$\frac{\mathrm{d}}{\mathrm{d}t} \begin{bmatrix} x_1(t) \\ x_2(t) \end{bmatrix} = \begin{bmatrix} 0 & 1 \\ -2 & -3 \end{bmatrix} \begin{bmatrix} x_1(t) \\ x_2(t) \end{bmatrix} + \begin{bmatrix} 0 \\ 1 \end{bmatrix} u(t)$$

$$y(t) = \begin{bmatrix} 1 & 2 \end{bmatrix} \begin{bmatrix} x_1(t) \\ x_2(t) \end{bmatrix} + u(t)$$

が得られます。　　　　　　　　　　　　　　　　　　　　　　　　◇

さて，可制御正準形で状態空間表現される線形システム

$$\frac{\mathrm{d}}{\mathrm{d}t} \boldsymbol{x}(t) = \boldsymbol{A}_{\mathrm{con}} \boldsymbol{x}(t) + \boldsymbol{b}_{\mathrm{con}} u(t) \tag{3.85}$$

$$y(t) = \boldsymbol{c}_{\mathrm{con}}^T \boldsymbol{x}(t) \tag{3.86}$$

に対して，状態フィードバックゲインを

$$\boldsymbol{f} = \begin{bmatrix} f_1 & f_2 & \cdots & f_n \end{bmatrix}^T \tag{3.87}$$

として，フィードバック制御

$$u(t) = -\boldsymbol{f}^T \boldsymbol{x}(t) \tag{3.88}$$

を適用すると，閉ループシステム行列は，

$$
\begin{aligned}
\boldsymbol{A}_c &= \boldsymbol{A}_{\mathrm{con}} - \boldsymbol{b}_{\mathrm{con}}\boldsymbol{f}^T \\
&= \begin{bmatrix}
0 & 1 & 0 & \cdots & 0 \\
0 & 0 & 1 & \cdots & 0 \\
\vdots & \vdots & & \ddots & \vdots \\
0 & 0 & 0 & \cdots & 1 \\
-a_0 - f_1 & -a_1 - f_2 & -a_2 - f_3 & \cdots & -a_{n-1} - f_n
\end{bmatrix}
\end{aligned}
\tag{3.89}
$$

となります。これより，閉ループシステムの特性方程式は，

$$
s^n + (a_{n-1} + f_n)s^{n-1} + \cdots + (a_1 + f_2)s + (a_0 + f_1) = 0
\tag{3.90}
$$

となります。

いま，閉ループシステムの特性方程式を，

$$
s^n + \alpha_{n-1}s^{n-1} + \cdots + \alpha_1 s + \alpha_0 = 0
\tag{3.91}
$$

とおくと，式 (3.90) と式 (3.91) の係数を比較することにより，

$$
f_1 = \alpha_0 - a_0, \qquad f_2 = \alpha_1 - a_1, \quad \cdots \quad f_n = \alpha_{n-1} - a_{n-1}
\tag{3.92}
$$

のように，容易にフィードバックゲインが計算できます。このように，式 (3.83)，(3.84) はフィードバック制御システム設計に適しているので，可制御正準形と呼ばれます。

## コラム 3.1　高橋安人とカルマン

　1946 年に高橋安人（たかはし やすんど，1912 – 1996）[1] により自動制御に関するわが国最初の講義が，東京帝国大学第二工学部機械工学科で開始されました。相前後して「自動制御懇話会」が他大学，産業界の一部とともに開催されました。この懇話会が母体になって，現在の「計測自動制御学会」が 1961 年に発足しました。一方，関西では，1952 年に設立された「京都大学自動制御研究委員会」が母体となって，現在の「システム制御情報学会」の前身である「日本自動制御協会」が 1957 年に発足しました。

　高橋は 1946 年に 34 歳の若さで東京帝国大学教授になります。彼は 1958 年に米国に渡り，カリフォルニア大学バークレー校工学部機械工学科教授になり，米国機械学会（ASME）などで活発な活動を行いました。

　さて，カルマンの代表的な論文は 1960 年代初頭に米国機械学会（ASME）論文誌に掲載されました。カルマンは最初，米国電気電子協会（IEEE）の論文誌に投稿したのですが，その論文が採録拒否されてしまったからです。当時，ASME 論文誌の制御工学分野の編集委員長は高橋でした。カルマンは高橋のところへ論文査読の進行状況を尋ねによくやってきたそうです。高橋も，カルマンの論文を非常に高く評価し，世に送り出したといわれています。

　1990 年代，高橋先生が米国から日本に帰国する機会に合わせて，ある企業で高橋先生の制御工学セミナーが毎年開かれていました。当時 30 代だった著者は 1995 年に 1 回だけそのセミナーで高橋先生とご一緒させていただいたことがあります。とても光栄なことでした。高橋先生がそのセミナーの講師を退かれた後，何かのご縁で私がその企業のセミナー講師を約 25 年間続けました。

高橋安人先生[1]

1) 高橋安人先生を囲む会編『"高橋安人先生を囲む" の記— 自動制御の研究の年輪 —』1988.

# 第4章

# 線形システムの可観測性とオブザーバ

　前章で導入した状態フィードバック制御を利用するためには，状態ベクトル $\boldsymbol{x}(t)$ のすべての要素の値が必要になります。これまで SISO 線形動的システムの状態の数を $n$ 個としました。しかし，ある時刻 $t$ において測定できる出力の数は 1 個なので，$n \geq 2$ の場合にはすべての状態を直接知ることはできません。そこで，利用できる入出力信号と動的システムの状態空間モデルから，状態変数を観測する，あるいは推定する必要があります。これを行う装置を**状態観測器** (state observer)，**オブザーバ**，あるいは**状態推定器**といいます。本節ではオブザーバと，状態観測が可能であるかを理論的に与える可観測性について解説します。

## 4.1　時間微分を用いた状態の観測

　前章と同様に

$$\frac{\mathrm{d}}{\mathrm{d}t}\boldsymbol{x}(t) = \boldsymbol{A}\boldsymbol{x}(t) + \boldsymbol{b}u(t), \qquad \boldsymbol{x}(0) = \boldsymbol{x}_0 \tag{4.1}$$

$$y(t) = \boldsymbol{c}^T\boldsymbol{x}(t) \tag{4.2}$$

で状態空間表現される，$n$ 状態の SISO 線形動的システムを考えましょう。式 (4.2) のように，直達項がない（$d = 0$）厳密にプロパーなシステムを対象と

し，システムを記述する $(\boldsymbol{A}, \boldsymbol{b}, \boldsymbol{c})$ は既知であると仮定します。ここで，状態方程式 (4.1) はシステムのダイナミクスを表すモデルに対応し，出力方程式 (4.2) は観測システムを表すモデルに対応します。

いま，出力 $y(t)$ が $(n-1)$ 回時間微分可能であると仮定します。このとき，式 (4.2) の両辺を時間微分して，式 (4.1) を代入する操作を繰り返すと，つぎのように出力を複数回微分することができます。

$$y(t) = \boldsymbol{c}^T \boldsymbol{x}(t)$$
$$\dot{y}(t) = \boldsymbol{c}^T \dot{\boldsymbol{x}}(t) = \boldsymbol{c}^T \{\boldsymbol{A}\boldsymbol{x}(t) + \boldsymbol{b}u(t)\}$$
$$= \boldsymbol{c}^T \boldsymbol{A}\boldsymbol{x}(t) + \boldsymbol{c}^T \boldsymbol{b}u(t) \tag{4.3}$$
$$\ddot{y}(t) = \boldsymbol{c}^T \boldsymbol{A}\dot{\boldsymbol{x}}(t) + \boldsymbol{c}^T \boldsymbol{b}\dot{u}(t)$$
$$= \boldsymbol{c}^T \boldsymbol{A}^2 \boldsymbol{x}(t) + \boldsymbol{c}^T \boldsymbol{A}\boldsymbol{b}u(t) + \boldsymbol{c}^T \boldsymbol{b}\dot{u}(t) \tag{4.4}$$
$$\cdots \qquad \cdots \qquad \cdots$$
$$y^{(n-1)}(t) = \boldsymbol{c}^T \boldsymbol{A}^{n-1} \boldsymbol{x}(t) + \boldsymbol{c}^T \boldsymbol{A}^{n-2} \boldsymbol{b}u(t) + \cdots$$
$$+ \boldsymbol{c}^T \boldsymbol{A}\boldsymbol{b}u^{(n-3)}(t) + \boldsymbol{c}^T \boldsymbol{b}u^{(n-2)}(t) \tag{4.5}$$

ここで，$\dot{y}(t)$ は $y(t)$ の 1 回微分，$\ddot{y}(t)$ は 2 回微分，そして $y^{(n-1)}(t)$ は $(n-1)$ 回微分を表します。なお，本書では，時間微分を表す記号として，$dy(t)/dt$，$\dot{y}(t)$，$y^{(n)}(t)$ などのさまざまなものを用いています。

式 (4.2)〜(4.5) をまとめると，

$$\boldsymbol{Y}(t) = \boldsymbol{U}_o \boldsymbol{x}(t) + \boldsymbol{M}\boldsymbol{U}(t) \tag{4.6}$$

のように行列・ベクトルで表現できます。ここで，

$$\boldsymbol{Y}(t) = \begin{bmatrix} y(t) \\ \dot{y}(t) \\ \ddot{y}(t) \\ \vdots \\ y^{(n-1)}(t) \end{bmatrix}, \ \boldsymbol{U}(t) = \begin{bmatrix} u(t) \\ \dot{u}(t) \\ \ddot{u}(t) \\ \vdots \\ u^{(n-2)}(t) \end{bmatrix}, \ \boldsymbol{U}_o = \begin{bmatrix} \boldsymbol{c}^T \\ \boldsymbol{c}^T \boldsymbol{A} \\ \boldsymbol{c}^T \boldsymbol{A}^2 \\ \vdots \\ \boldsymbol{c}^T \boldsymbol{A}^{n-1} \end{bmatrix} \tag{4.7}$$

$$M = \begin{bmatrix} 0 & \cdots & \cdots & \cdots & 0 \\ c^T b & 0 & \cdots & \cdots & 0 \\ c^T A b & c^T b & 0 & \cdots & 0 \\ \vdots & \vdots & & \ddots & \vdots \\ c^T A^{n-2} b & c^T A^{n-3} b & \cdots & c^T A b & c^T b \end{bmatrix} \tag{4.8}$$

とおきました。ここで，$Y(t)$ は $(n \times 1)$ 列ベクトル，$U(t)$ は $((n-1) \times 1)$ 列ベクトルです。$U_o$ は $(n \times n)$ 正方行列であり，これは**可観測行列**と呼ばれる重要な行列です。また，$M$ は $(n \times (n-1))$ 矩形行列です。

もし可観測行列 $U_o$ が正則であれば，式 (4.6) より，

$$x(t) = U_o^{-1}\{Y(t) - MU(t)\} \tag{4.9}$$

が得られ，状態 $x(t)$ が計算できます。この状態 $x(t)$ の計算法は，入出力信号の時間微分を用いた状態の観測として知られています。式 (4.9) より可観測行列 $U_o$ の正則性が，状態を観測できるかどうかのポイントであることがわかります。しかしながら，データの時間微分を計算するためには，そのデータの未来値が必要になるので，物理的に実現できません。データの微分を後退差分などのように現時刻から過去のデータを用いて近似的に計算することはできますが，データの時間微分は，高周波雑音の影響を増幅してしまうので，実用上は利用すべきでない操作です。なぜならば，前著の微分要素のボード線図 (p.95 の図 4.29) で学んだように，微分操作は高域通過フィルタの働きをするからです。以上の理由から，式 (4.9) を用いて状態を復元することはほとんどありません。

## 4.2 同一次元オブザーバ

前節では入出力信号の時間微分を用いた状態の観測法を紹介しました。本節では，時間微分を用いずに，モデルを用いて状態 $x(t)$ を推定する方法を与えましょう。

### 4.2.1 モデルを用いた状態推定

状態 $x(t)$ の推定値を $\hat{x}(t)$ とおき，これが式 (4.1) の状態方程式を満たすとして，

$$\frac{\mathrm{d}}{\mathrm{d}t}\hat{\boldsymbol{x}}(t) = \boldsymbol{A}\hat{\boldsymbol{x}}(t) + \boldsymbol{b}u(t), \qquad \hat{\boldsymbol{x}}(0) = \hat{\boldsymbol{x}}_0 \tag{4.10}$$

を用いて状態推定を行う方法を与えます。ここで紹介する状態推定法は，状態方程式 (4.1) の係数 $\boldsymbol{A}$ と $\boldsymbol{b}$ を用いた，対象システムのモデルに基づく方法です。

いま，時刻 $t$ における状態の**推定誤差**を

$$\tilde{\boldsymbol{x}}(t) = \boldsymbol{x}(t) - \hat{\boldsymbol{x}}(t) \tag{4.11}$$

と定義します[1]。時間の経過とともに $\tilde{\boldsymbol{x}}(t) \to \boldsymbol{0}$ が成り立てば，状態推定値 $\hat{\boldsymbol{x}}(t)$ は真の状態 $\boldsymbol{x}(t)$ に収束します。

式 (4.11) を微分して式 (4.1)，(4.10) を用いると，

$$\begin{aligned}
\frac{\mathrm{d}}{\mathrm{d}t}\tilde{\boldsymbol{x}}(t) &= \frac{\mathrm{d}}{\mathrm{d}t}\boldsymbol{x}(t) - \frac{\mathrm{d}}{\mathrm{d}t}\hat{\boldsymbol{x}}(t) = \{\boldsymbol{A}\boldsymbol{x}(t) + \boldsymbol{b}u(t)\} - \{\boldsymbol{A}\hat{\boldsymbol{x}}(t) + \boldsymbol{b}u(t)\} \\
&= \boldsymbol{A}\{\boldsymbol{x}(t) - \hat{\boldsymbol{x}}(t)\} \\
&= \boldsymbol{A}\tilde{\boldsymbol{x}}(t) \tag{4.12}
\end{aligned}$$

が得られます。ただし，初期値は

$$\tilde{\boldsymbol{x}}(0) = \tilde{\boldsymbol{x}}_0 = \boldsymbol{x}_0 - \hat{\boldsymbol{x}}_0 \tag{4.13}$$

です。2.5 節で学んだことを思い出して，この 1 階微分方程式 (4.12) を解くと，

$$\tilde{\boldsymbol{x}}(t) = e^{\boldsymbol{A}t}\tilde{\boldsymbol{x}}_0 \tag{4.14}$$

が得られます。

式 (4.14) より，行列 $\boldsymbol{A}$ のすべての固有値の実部が負，すなわちシステムが漸近安定であれば[2]，どのような初期値 $\tilde{\boldsymbol{x}}_0$ に対しても，

$$\lim_{t\to\infty}\tilde{\boldsymbol{x}}(t) = \boldsymbol{0} \tag{4.15}$$

が成り立ちます。すなわち，十分時間が経過すれば，状態推定値 $\hat{\boldsymbol{x}}(t)$ は $\boldsymbol{x}(t)$ に収束します。このとき，推定値の真値への収束速度は，行列 $\boldsymbol{A}$ の固有値に依存します。そのため，その収束速度をユーザーが指定することはできません。さら

---

[1] 式 (4.11) で ~ はチルダ (tilde) と読みます。

[2] このとき $\boldsymbol{A}$ は安定行列と呼ばれたことを思い出しましょう。

に，システムが不安定の場合には，$\tilde{\boldsymbol{x}}(t)$ は時間の経過とともに発散し，状態を推定できません。このように，対象のモデルだけで状態推定を行う方法には限界があります。

## 4.2.2 モデルと観測データを用いた状態推定

前項ではシステムの状態空間表現のうちの状態方程式 (4.1) のみを用いて状態推定を試みました。本項では，その状態方程式に加えて，システムの出力 $y(t)$，すなわち出力方程式 (4.2) も利用する状態推定法を与えます。

最初に，本項の主結果をつぎのポイントでまとめましょう。

---

**Point 4.1** 同一次元オブザーバ

つぎの微分方程式

$$\frac{\mathrm{d}}{\mathrm{d}t}\hat{\boldsymbol{x}}(t) = \boldsymbol{A}\hat{\boldsymbol{x}}(t) + \boldsymbol{b}u(t) + \boldsymbol{g}\left\{y(t) - \boldsymbol{c}^T\hat{\boldsymbol{x}}(t)\right\} \tag{4.16}$$

によって状態推定値 $\hat{\boldsymbol{x}}(t)$ を算出するオブザーバを**同一次元オブザーバ**といいます。ここで，$\boldsymbol{g}$ は $(n \times 1)$ 列ベクトルで，**オブザーバゲイン**と呼ばれます。これは状態推定値の真値への収束速度を決定します。

---

式 (4.16) を式 (4.10) と比較すると，式 (4.16) には出力値 $y(t)$ を用いた右辺第 3 項が新たに加わっています。この項は，状態推定値によって構成される出力推定値 $\hat{y}(t) = \boldsymbol{c}^T\hat{\boldsymbol{x}}(t)$ と実際の出力の値 $y(t)$ の間の出力推定誤差を表しています。そして，この値にオブザーバゲイン $\boldsymbol{g}$ を乗じてフィードバックすることにより，状態推定値を修正する役割を果たしています。

式 (4.16) のオブザーバは，システムの状態方程式の次元とオブザーバのそれとが等しいので**同一次元オブザーバ**と呼ばれます。それに対して，最小次元オブザーバと呼ばれるものも提案されています。いま対象としているシステムの出力はスカラー値であり，それに対する状態を推定する必要はないので，$(n-1)$ 次元のオブザーバを構成すればよい，という考え方に最小次元オブザーバは基づいています。ここでは最小次元オブザーバに対する説明は省略します。

つぎは，同一次元オブザーバの状態の推定誤差 $\tilde{\boldsymbol{x}}(t)$ について調べていきま

しょう。$\tilde{\boldsymbol{x}}(t)$ を時間微分すると，

$$
\begin{aligned}
\frac{\mathrm{d}}{\mathrm{d}t}\tilde{\boldsymbol{x}}(t) &= \frac{\mathrm{d}}{\mathrm{d}t}\boldsymbol{x}(t) - \frac{\mathrm{d}}{\mathrm{d}t}\hat{\boldsymbol{x}}(t) \\
&= \{\boldsymbol{A}\boldsymbol{x}(t) + \boldsymbol{b}u(t)\} - \left[\boldsymbol{A}\hat{\boldsymbol{x}}(t) + \boldsymbol{b}u(t) + \boldsymbol{g}\left\{y(t) - \boldsymbol{c}^T\hat{\boldsymbol{x}}(t)\right\}\right] \\
&= \boldsymbol{A}\tilde{\boldsymbol{x}}(t) - \boldsymbol{g}\left\{\boldsymbol{c}^T\boldsymbol{x}(t) - \boldsymbol{c}^T\hat{\boldsymbol{x}}(t)\right\} \\
&= \left(\boldsymbol{A} - \boldsymbol{g}\boldsymbol{c}^T\right)\tilde{\boldsymbol{x}}(t)
\end{aligned}
\tag{4.17}
$$

が得られます。ここで，式 (4.2) を利用しました。式 (4.17) において，

$$
\boldsymbol{A}_o = \boldsymbol{A} - \boldsymbol{g}\boldsymbol{c}^T
\tag{4.18}
$$

とおき，これを**オブザーバのシステム行列**と呼びます。この行列の大きさは $(n \times n)$ です。

　すると，式 (4.17) は，つぎの 1 階微分方程式になります。

$$
\frac{\mathrm{d}}{\mathrm{d}t}\tilde{\boldsymbol{x}}(t) = \boldsymbol{A}_o\tilde{\boldsymbol{x}}(t), \qquad \tilde{\boldsymbol{x}}(0) = \tilde{\boldsymbol{x}}_0
\tag{4.19}
$$

ここで，行列 $\boldsymbol{A}_o$ の固有値は**オブザーバ極**と呼ばれます。

　微分方程式 (4.19) の解は，

$$
\tilde{\boldsymbol{x}}(t) = e^{\boldsymbol{A}_o t}\tilde{\boldsymbol{x}}_0
\tag{4.20}
$$

で与えられます。いま，すべてのオブザーバ極の実部が負になるように，オブザーバゲイン $\boldsymbol{g}$ を選ぶことができれば，任意の $\tilde{\boldsymbol{x}}_0$ に対して，

$$
\lim_{t \to \infty} \tilde{\boldsymbol{x}}(t) = \boldsymbol{0}
\tag{4.21}
$$

が成り立ち，$t \to \infty$ のとき，$\hat{\boldsymbol{x}}(t)$ は $\boldsymbol{x}(t)$ に収束します。このような $\boldsymbol{g}$ が存在するとき，システムは**可検出** (detectable) であるといわれます。たとえば，前述したように $\boldsymbol{A}$ が安定行列であれば，$\boldsymbol{g} = \boldsymbol{0}$ とおき，出力データによる修正を行わなくても，時間が十分経過すれば，状態推定値は真値に収束するので，可検出になります。

　つぎの課題は，オブザーバ極を $s$ 平面上の任意の場所に配置できるかです。それが達成されるとき，システムは**可観測** (observable) であるといわれます。オブザーバ極を左半平面の任意の場所に配置できれば，オブザーバの収束速度を制御することが可能になります。可観測と可検出の包含関係を図 4.1 に示します。

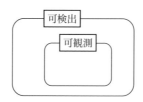

**図 4.1** 可観測と可検出の包含関係

　同一次元オブザーバの構造を図 4.2 に示します。図より明らかなように,オブザーバの構造は基本的に制御対象と同じであり,制御対象と同じ $(A, b, c)$ を同一次元オブザーバで利用します。そして,制御対象の出力 $y(t)$ とオブザーバの出力 $\hat{y}(t)$ の差をオブザーバゲイン倍したものをフィードバックしています。本書の範囲を超えてしまいますが,観測雑音などが存在する場合のカルマンフィルタもオブザーバと同じ構造をとります。オブザーバが正しく動作するかどうかは,対象システムの $(A, b, c)$ が事前に既知である,すなわち,高精度にモデリングされている必要があります。この意味において,オブザーバは**モデルベーストオブザーバ**であるということができます。

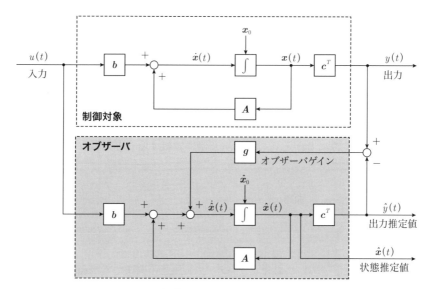

**図 4.2** オブザーバの構造

二つの例題を通してオブザーバについての理解を深めましょう。

例題 4.1 (倒立振子のためのオブザーバ (1)) 例題 3.1，3.2 で対象とした倒立振子システムに対して，同一次元オブザーバを設計しましょう。ここで，対象システムの $(\boldsymbol{A}, \boldsymbol{b}, \boldsymbol{c})$ は式 (3.30) で与えたものを用います。

この例題では，オブザーバ極が $s = -20$ に重根を持つようにオブザーバゲイン $\boldsymbol{g}$ を決定することにします。

制御対象は 2 次系なので，オブザーバゲインを

$$\boldsymbol{g} = \begin{bmatrix} g_1 & g_2 \end{bmatrix}^T \tag{4.22}$$

とすると，オブザーバのシステム行列は，

$$\boldsymbol{A}_o = \boldsymbol{A} - \boldsymbol{g}\boldsymbol{c}^T = \begin{bmatrix} 0 & 1 \\ -100 & 0 \end{bmatrix} - \begin{bmatrix} g_1 \\ g_2 \end{bmatrix} \begin{bmatrix} 1 & 0 \end{bmatrix}$$

$$= \begin{bmatrix} -g_1 & 1 \\ 100 - g_2 & 0 \end{bmatrix} \tag{4.23}$$

となります。これより，特性方程式

$$s^2 + g_1 s + (g_2 - 100) = 0 \tag{4.24}$$

が得られます。この 2 次方程式の二つの根が**オブザーバ極**です。

問題の指示より，オブザーバ極を $s = -20$ で重根を持つようにすると，

$$(s + 20)^2 = s^2 + 40s + 400 = 0 \tag{4.25}$$

が得られます。式 (4.24) と式 (4.25) の係数を比較することにより，オブザーバゲインは

$$g_1 = 40, \quad g_2 = 500 \tag{4.26}$$

のように得られます。 ◇

例題 4.2 (倒立振子のためのオブザーバ (2)) この例題でも例題 4.1 で与えた倒立振子について考えます。ここで，例題 4.1 と同じ $\boldsymbol{A}$ 行列を用い，$\boldsymbol{c}$ ベクトルを，

$$c = \begin{bmatrix} 1 & 0.1 \end{bmatrix}^T \tag{4.27}$$

と変化させました。もともと $c$ の 2 番目の要素は 0 でしたが，それを 0.1 に置き換えました。このシステムに対して，$s$ 平面内の任意の位置にオブザーバ極を配置可能かどうかを調べましょう。

例題 4.1 と同じように，オブザーバゲインを

$$g = \begin{bmatrix} g_1 & g_2 \end{bmatrix}^T \tag{4.28}$$

とすると，オブザーバのシステム行列は，

$$A_o = \begin{bmatrix} -g_1 & 1 - 0.1g_1 \\ 100 - g_2 & -0.1g_2 \end{bmatrix} \tag{4.29}$$

となります。これより，特性方程式は，

$$s^2 + (g_1 + 0.1g_2)s + (10g_1 + g_2 - 100) = 0 \tag{4.30}$$

となります。いま，オブザーバ極を $s_1$，$s_2$ とおくと，

$$(s - s_1)(s - s_2) = s^2 - (s_1 + s_2)s + s_1 s_2 = 0 \tag{4.31}$$

となります。式 (4.30) と式 (4.31) の係数を比較すると，

$$\begin{cases} -(g_1 + 0.1g_2) = s_1 + s_2 \\ 10g_1 + g_2 - 100 = s_1 s_2 \end{cases} \tag{4.32}$$

が得られます。これらから $(g_1 + 0.1g_2)$ を消去すると，

$$(s_1 + 10)(s_2 + 10) = 0 \tag{4.33}$$

となり，$s_1 = s_2 = -10$ が得られます。これより，このシステムの場合，どのようなオブザーバゲイン $g_1$，$g_2$ を選んでも，$s = -10$ 以外にはオブザーバ極を配置できません。このようなシステムは**不可観測**であるといわれます。　　　◇

さて，前章の Point 3.3 で与えた対角変換行列

$$T = \begin{bmatrix} 1 & 1 \\ 10 & -10 \end{bmatrix} \tag{4.34}$$

を用いて正則変換を行うことによって，例題 4.2 で不可観測になった原因について調べてみましょう。

式 (3.30) より，倒立振子システムの $\boldsymbol{b}$ ベクトルをつぎのようにおきます。

$$\boldsymbol{b} = \begin{bmatrix} 0 \\ -10 \end{bmatrix} \tag{4.35}$$

すると，例題 4.2 のシステムの係数行列・ベクトルは，対角変換行列によってそれぞれつぎのように変換され，**対角正準形**が得られます。

$$\bar{\boldsymbol{A}} = \boldsymbol{T}^{-1}\boldsymbol{A}\boldsymbol{T} = \begin{bmatrix} 10 & 0 \\ 0 & -10 \end{bmatrix} \tag{4.36}$$

$$\bar{\boldsymbol{b}} = \boldsymbol{T}^{-1}\boldsymbol{b} = \frac{1}{2}\begin{bmatrix} -1 \\ 1 \end{bmatrix} \tag{4.37}$$

$$\bar{\boldsymbol{c}}^T = \boldsymbol{c}^T\boldsymbol{T} = \begin{bmatrix} 2 & 0 \end{bmatrix} \tag{4.38}$$

このようにして得られた対角正準形のブロック線図を図 4.3 に示します。図より明らかなように，1 番目の状態（これをモード 1 と呼びます）$z_1(t)$ は出力 $y(t)$ に接続されているので観測できますが，2 番目の状態（これをモード 2 と呼びます）$z_2(t)$ は出力に接続されていないので，観測できません。このようなとき，モード 1 は可観測ですが，モード 2 は不可観測であるといい，全体としてこのシステムは不可観測であるといいます。

この例では，モード 2 は可観測ではありませんが，$s = -10$ に極を持つ安定なモードなので，時間の経過とともに真の状態に収束します。したがって，このシ

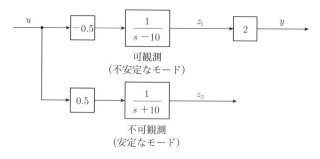

**図 4.3** 対角正準形のブロック線図（不可観測の場合）

ステムは可観測ではありませんが，**可検出**です。

図 4.3 からも明らかですが，この場合の $u$ から $y$ までの伝達関数，すなわち，可制御かつ可観測な部分は，

$$G(s) = \boldsymbol{c}^T (s\boldsymbol{I} - \boldsymbol{A})^{-1} \boldsymbol{b} = -\frac{1}{s - 10} \tag{4.39}$$

となります。別の言い方をすれば，入力 $u$ と出力 $y$ が接続されているブロックの，ラプラス領域における入出力関係を表したものが伝達関数です。ここで考えているシステムは 2 次でしたが，不可観測なモードを持つため，入出力関係を与える伝達関数は 1 次系になってしまいました。

## 4.3 可観測性の定義とその判別法

前節では，例題をとおして可観測性について説明しました。本節では，可観測性を理論的に定義し，その判別法を与えます。

まず，可観測性の定義をつぎに与えましょう。

---

**Point 4.2** 可観測性

式 (4.1)，(4.2) の線形システムに対して，ある有限時間 $t = t_f$ までの入出力データ $\{u(t),\ y(t) : 0 \le t \le t_f\}$ を観測することによって，初期状態 $\boldsymbol{x}_0$ を一意に決定できるとき，システムは**可観測**（observable）であるといいます。そうでないとき，システムは**不可観測**（unobservable）であるといいます。

---

前章で登場した可制御性の定義と同様に，この可観測性の定義は少々わかりにくいですね。この定義は，可観測であれば，時間区間 $0 \le t \le t_f$ におけるすべての状態変数 $\boldsymbol{x}(t)$ の値が計算でき，オブザーバを構成することが可能であることを意味しています。

可制御性を調べる一般的な方法を，つぎのポイントで与えましょう。

---

**Point 4.3** 可観測性の判別法

SISO 線形システムが可観測であるための必要十分条件は，次式で定義される $(n \times n)$ 正方行列，

$$U_o = \begin{bmatrix} c^T \\ c^T A \\ \vdots \\ c^T A^{n-1} \end{bmatrix} \in \mathrm{R}^{n \times n} \tag{4.40}$$

が正則であることです。ここで, $U_o$ は**可観測行列** (observability matrix) と呼ばれます。なお, この行列はすでに式 (4.7) で与えました。

MIMO 線形システムが可観測であるための必要十分条件は,

$$\mathrm{rank}\, U_o = n \tag{4.41}$$

です。すなわち, $U_o = n$ が列フルランクになることです。

なお, これらの導出は省略します。

Point 4.3 から明らかなように, 可観測性は $A$ と $c$ のみに依存し, $b$ には依存しません。そのため, 「対 $(A, c)$ が可観測である」, ということもあります。

例題 4.3 (力学システムの可観測性)  2.1 節で扱ったニュートンの運動方程式で記述される力学システムについて再び考えましょう。いま, $x_1(t)$ を位置, $x_2(t)$ を速度とすると,

$$\frac{\mathrm{d}}{\mathrm{d}t} \begin{bmatrix} x_1(t) \\ x_2(t) \end{bmatrix} = \begin{bmatrix} 0 & 1 \\ 0 & 0 \end{bmatrix} \begin{bmatrix} x_1(t) \\ x_2(t) \end{bmatrix} + \begin{bmatrix} 0 \\ 1 \end{bmatrix} u(t) \tag{4.42}$$

$$y(t) = \begin{bmatrix} c_1 & c_2 \end{bmatrix} \begin{bmatrix} x_1(t) \\ x_2(t) \end{bmatrix} \tag{4.43}$$

のように状態空間表現されます。ただし, 質点の質量は $m = 1$ とおきました。このとき, 位置のみが測定される場合と, 速度のみが測定される場合についてそれぞれの可観測行列を構成して可観測性について調べましょう。

まず, 位置が測定される場合の出力方程式の $c$ ベクトルは,

$$c^T = \begin{bmatrix} 1 & 0 \end{bmatrix} \tag{4.44}$$

となります。このとき, 可観測行列は,

$$U_o = \begin{bmatrix} c^T \\ c^T A \end{bmatrix} = \begin{bmatrix} 1 & 0 \\ 0 & 1 \end{bmatrix}$$

となり，この行列は正則なので，可観測であることがわかります。

つぎに，速度が測定される場合には，

$$c^T = \begin{bmatrix} 0 & 1 \end{bmatrix} \tag{4.45}$$

となります。このとき，可観測行列は，

$$U_o = \begin{bmatrix} c^T \\ c^T A \end{bmatrix} = \begin{bmatrix} 0 & 1 \\ 0 & 0 \end{bmatrix}$$

となり，この行列のランクは 1 で特異であるので，システムは不可観測です。

これらの結果より，同じ状態方程式であっても，測定される物理量，すなわち，利用するセンサーが異なると，出力方程式が異なるので，システムの可観測性が影響を受けることがわかります。 ◇

例題 4.4 (倒立振子の可観測性 (1)) 例題 4.1 で与えた倒立振子システムの可観測性を調べましょう。

式 (3.15) より可観測行列を構成すると，

$$U_o = \begin{bmatrix} c^T \\ c^T A \end{bmatrix} = \begin{bmatrix} 1 & 0 \\ 0 & 1 \end{bmatrix}$$

となり，これは正則なので，この倒立振子システムは可観測であることがわかります。 ◇

例題 4.5 (倒立振子の可観測性 (2)) 例題 4.2 で与えた倒立振子システムの可観測性を調べましょう。

式 (3.15) より可観測行列を構成すると，

$$U_o = \begin{bmatrix} c^T \\ c^T A \end{bmatrix} = \begin{bmatrix} 1 & 0.1 \\ 10 & 1 \end{bmatrix}$$

となり，この行列のランクは 1 なので，この倒立振子システムは不可観測であることがわかります。 ◇

## 4.4　可観測正準形によるシステムの実現

可観測性の観点から，伝達関数から状態空間表現を実現しましょう。以下では導出過程を省略して，結果だけを与えます。

伝達関数が

$$G(s) = \frac{b_{n-1}s^{n-1} + \cdots + b_1 s + b_0}{s^n + a_{n-1}s^{n-1} + \cdots + a_1 s + a_0} \tag{4.46}$$

である $n$ 次の線形システムの**可観測正準形**による実現は，以下の通りです。

$$\boldsymbol{A}_{\mathrm{obs}} = \begin{bmatrix} 0 & 0 & \cdots & \cdots & 0 & -a_0 \\ 1 & 0 & 0 & \cdots & 0 & -a_1 \\ 0 & 1 & 0 & \cdots & 0 & -a_2 \\ \vdots & \vdots & \ddots & & \vdots & \vdots \\ 0 & 0 & \cdots & 1 & 0 & -a_{n-2} \\ 0 & 0 & \cdots & \cdots & 1 & -a_{n-1} \end{bmatrix}, \quad \boldsymbol{b}_{\mathrm{obs}} = \begin{bmatrix} b_0 \\ b_1 \\ \vdots \\ b_{n-1} \end{bmatrix} \tag{4.47}$$

$$\boldsymbol{c}_{\mathrm{obs}}^T = \begin{bmatrix} 0 & 0 & \cdots & 1 \end{bmatrix} \tag{4.48}$$

可観測正準形の回路実現を図 4.4 に示します。

3.5 節で与えた可制御正準形と比較すると，

$$\boldsymbol{A}_{\mathrm{obs}} = \boldsymbol{A}_{\mathrm{con}}^T, \qquad \boldsymbol{b}_{\mathrm{obs}} = \boldsymbol{c}_{\mathrm{con}}^T, \qquad \boldsymbol{c}_{\mathrm{obs}} = \boldsymbol{b}_{\mathrm{con}}^T \tag{4.49}$$

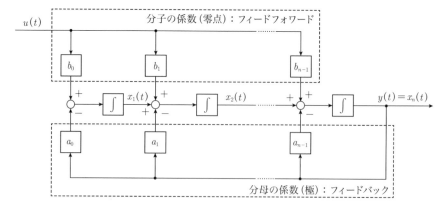

**図 4.4**　可観測正準形による回路実現（$n$ 次系の場合）

であることがわかります。これは**制御と観測の双対性**（duality）[3]と呼ばれます。

さて，可観測正準形で状態空間表現された線形システム

$$\frac{\mathrm{d}}{\mathrm{d}t}\boldsymbol{x}(t) = \boldsymbol{A}_{\mathrm{obs}}\boldsymbol{x}(t) + \boldsymbol{b}_{\mathrm{obs}}u(t) \tag{4.50}$$

$$y(t) = \boldsymbol{c}_{\mathrm{obs}}^{T}\boldsymbol{x}(t) \tag{4.51}$$

に対して，オブザーバゲインを

$$\boldsymbol{g} = \left[\begin{array}{cccc} g_1 & g_2 & \cdots & g_n \end{array}\right]^{T} \tag{4.52}$$

としてオブザーバを適用すると，オブザーバのシステム行列は，

$$\begin{aligned}
\boldsymbol{A}_o &= \boldsymbol{A}_{\mathrm{obs}} - \boldsymbol{g}\boldsymbol{c}_{\mathrm{obs}}^{T} \\
&= \left[\begin{array}{cccccc}
0 & 0 & \cdots & \cdots & 0 & -a_0 - g_1 \\
1 & 0 & 0 & \cdots & 0 & -a_1 - g_2 \\
0 & 1 & 0 & \cdots & 0 & -a_2 - g_3 \\
\vdots & \vdots & \ddots & & \vdots & \vdots \\
0 & 0 & \cdots & 1 & 0 & -a_{n-2} - g_{n-1} \\
0 & 0 & \cdots & \cdots & 1 & -a_{n-1} - g_n
\end{array}\right]
\end{aligned} \tag{4.53}$$

となります。このとき，特性方程式は次式のようになります。

$$s^n + (a_{n-1} + g_n)s^{n-1} + \cdots + (a_1 + g_2)s + (a_0 + g_1) = 0 \tag{4.54}$$

いま，望ましいオブザーバの特性方程式を，

$$s^n + \beta_{n-1}s^{n-1} + \cdots + \beta_1 s + \beta_0 = 0 \tag{4.55}$$

とおき，式 (4.54) と式 (4.55) の係数を比較することにより，

$$g_1 = \beta_0 - a_0, \quad g_2 = \beta_1 - a_1, \quad \cdots, \quad g_n = \beta_{n-1} - a_{n-1} \tag{4.56}$$

のように，容易にオブザーバゲインが計算できます。このため，式 (4.47) と式 (4.48) は**可観測正準形**と呼ばれます。

---

[3] 制御と推定の双対性とも呼ばれます。

| コラム 4.1 | デービッド・ルーエンバーガー（1937〜） |
|---|---|

本章で紹介したオブザーバは**ルーエンバーガーのオブザーバ**として制御理論の世界では広く知られています。このオブザーバ理論はつぎの論文で 1964 年に発表されました。

- D.G. Luenberger: Observing the state of a linear system, IEEE Transactions on Military Electronics, Vol.8, No.2, pp.74–80, 1964.

この論文ではオブザーバとなる条件が議論されています。ルーエンバーガーは，制御理論の分野で，このオブザーバをはじめとして数々のすぐれた業績をあげて 30 代半ばにスタンフォード大学の正教授になり，現在は名誉教授です。

彼の研究領域は制御理論や最適化理論にとどまらず，ミクロ経済学といった経済分野，さらには 1990 年代には投資科学（金融工学）の分野でも積極的な研究・教育活動を展開しました。特に，つぎの著作が有名です。

- D.G. Luenberger: Investment science (2nd edition), Oxford University Press, 2013.

著者は 2000 年に米国サンタバーバラで開催された制御に関する国際会議で，ルーエンバーガー教授の特別講演を聴講したことがあります。そのときの講演題目は，オブザーバではなく，金融工学についてでした。

ルーエンバーガー教授[1]

1) 出典：https://engineering.stanford.edu/people/david-luenberger

# 第5章

# 現代制御による線形システムの構造と制御

これまで第3章では線形システムの可制御性と状態フィードバック制御について，第4章では可観測性とオブザーバについて説明しました。本章では，まず可制御性と可観測性を用いて線形システムの構造を明らかにします。つぎに状態フィードバックとオブザーバからなる，現代制御によるフィードバック制御システムを構成します。

## 5.1　線形システムの構造

### 5.1.1　対角正準形

線形システムを状態空間表現する場合，状態変数の選び方によってさまざまな状態空間表現が存在します。言い方を変えると，状態空間表現にはさまざまな実現が存在します。その代表例が，第3章で述べたコントローラ設計に適した可制御正準形と，第4章で説明したオブザーバ設計に適した可観測正準形です。本節では，これらと同様に代表的な状態空間表現である対角正準形（3.3節でこの一例を示しました）を与え，これを用いて線形システムの構造を明らかにします。

次式で状態空間表現される SISO 線形システムを考えます。

$$\frac{\mathrm{d}}{\mathrm{d}t}\boldsymbol{x}(t) = \boldsymbol{A}\boldsymbol{x}(t) + \boldsymbol{b}u(t) \tag{5.1}$$

$$y(t) = \boldsymbol{c}^T \boldsymbol{x}(t) \tag{5.2}$$

ここで, 直達項 $d$ は存在しないと仮定しました。また, 説明を簡単にするために, 行列 $\boldsymbol{A}$ の固有値は相異なるものとし, それらを $\lambda_1, \lambda_2, \ldots, \lambda_n$ とします。そして, それらの固有値に対応する固有ベクトルを $\boldsymbol{v}_1, \boldsymbol{v}_2, \ldots, \boldsymbol{v}_n$ とおき, 行列 $\boldsymbol{A}$ を対角化するための変換行列 $\boldsymbol{T}$ を

$$\boldsymbol{T} = \begin{bmatrix} \boldsymbol{v}_1 & \boldsymbol{v}_2 & \cdots & \boldsymbol{v}_n \end{bmatrix}$$

とします。

2.4 節で説明したように,

$$\boldsymbol{x}(t) = \boldsymbol{T}\boldsymbol{z}(t) \tag{5.3}$$

とおいて状態を**正則変換**すると, 新しい状態 $\boldsymbol{z}(t)$ に対する状態空間表現

$$\frac{\mathrm{d}}{\mathrm{d}t}\boldsymbol{z}(t) = \bar{\boldsymbol{A}}\boldsymbol{z}(t) + \bar{\boldsymbol{b}}u(t) \tag{5.4}$$

$$y(t) = \bar{\boldsymbol{c}}^T\boldsymbol{z}(t) \tag{5.5}$$

が得られます。ここで,

$$\bar{\boldsymbol{A}} = \boldsymbol{T}^{-1}\boldsymbol{A}\boldsymbol{T} = \mathrm{diag}(\lambda_1, \lambda_2, \ldots, \lambda_n) \tag{5.6}$$

$$\bar{\boldsymbol{b}} = \boldsymbol{T}^{-1}\boldsymbol{b} = \begin{bmatrix} \bar{b}_1 \\ \bar{b}_2 \\ \vdots \\ \bar{b}_n \end{bmatrix} \tag{5.7}$$

$$\bar{\boldsymbol{c}}^T = \boldsymbol{c}^T\boldsymbol{T} = \begin{bmatrix} \bar{c}_1 & \bar{c}_2 & \cdots & \bar{c}_n \end{bmatrix} \tag{5.8}$$

とおきました。式 (5.6) の $\mathrm{diag}(\lambda_1, \lambda_2, \ldots, \lambda_n)$ は, 対角要素が $\lambda_1, \lambda_2, \ldots, \lambda_n$ で, その他の要素はすべて 0 をとる正方対角行列を表します。式 (5.4), (5.5) のように行列 $\boldsymbol{A}$ が対角化された状態空間表現は**対角正準形**と呼ばれます。

式 (5.4) を要素ごとに書くと, $n$ 個の独立な 1 階微分方程式

$$\frac{\mathrm{d}}{\mathrm{d}t}z_1(t) = \lambda_1 z_1(t) + \bar{b}_1 u(t) \tag{5.9}$$

$$\frac{\mathrm{d}}{\mathrm{d}t}z_2(t) = \lambda_2 z_2(t) + \bar{b}_2 u(t) \tag{5.10}$$

$$\cdots\cdots\cdots$$

$$\frac{\mathrm{d}}{\mathrm{d}t}z_n(t) = \lambda_n z_n(t) + \bar{b}_n u(t) \tag{5.11}$$

が得られます。また，式 (5.5) の出力方程式は，

$$y(t) = \bar{c}_1 z_1(t) + \bar{c}_2 z_2(t) + \cdots + \bar{c}_n z_n(t) \tag{5.12}$$

となり，出力 $y(t)$ はそれぞれの状態 $z_i(t)$ の線形結合で与えられます。

さて，式 (5.4)，(5.5) の状態空間表現を伝達関数表現に変換すると，

$$G(s) = \bar{c}^T (s\boldsymbol{I} - \bar{\boldsymbol{A}})^{-1} \bar{\boldsymbol{b}}$$

$$= \left[ \begin{array}{cccc} \bar{c}_1 & \bar{c}_2 & \cdots & \bar{c}_n \end{array} \right] \left[ \mathrm{diag}(s - \lambda_1,\, s - \lambda_2, \ldots, s - \lambda_n) \right]^{-1} \left[ \begin{array}{c} \bar{b}_1 \\ \bar{b}_2 \\ \vdots \\ \bar{b}_n \end{array} \right]$$

$$= \left[ \begin{array}{cccc} \bar{c}_1 & \bar{c}_2 & \cdots & \bar{c}_n \end{array} \right] \mathrm{diag}\left( \frac{1}{s - \lambda_1},\, \frac{1}{s - \lambda_2}, \ldots, \frac{1}{s - \lambda_n} \right) \left[ \begin{array}{c} \bar{b}_1 \\ \bar{b}_2 \\ \vdots \\ \bar{b}_n \end{array} \right]$$

となります。さらに計算すると，システムの伝達関数は，

$$G(s) = \sum_{i=1}^{n} \frac{\bar{b}_i \bar{c}_i}{s - \lambda_i} \tag{5.13}$$

となります。伝達関数の計算は，通常，逆行列とベクトルの乗算になりますが，この場合は，対角化されているためそれぞれ独立なので，スカラー量の積和演算をするだけの簡単な計算で済みます。ここで，$\bar{b}_i \bar{c}_i$ は極 $s = \lambda_i$ における $G(s)$ の留数に対応します。

システムの固有値（すなわち極）は**正規モード**（normal mode）とも呼ばれるので，対角正準形は**モード正準形**（mode canonical form）とも呼ばれます。

モード正準形の回路実現を図 5.1 に示します。図でモード 1〜モード $n$ と書かれているブロックは，式 (5.13) より，

$$G_i(s) = \frac{1}{s - \lambda_i}, \qquad i = 1, 2, \cdots, n \tag{5.14}$$

で記述される 1 次系であり，このブロック線図を図 5.2 に示します。このように，モード正準形は $n$ 個の 1 次系の並列接続で構成されます。これは式 (5.13) からも明らかです。

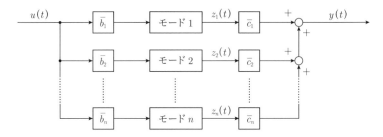

図 5.1 対角正準形の回路実現 (1)：全体のブロック線図

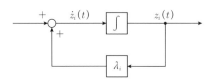

図 5.2 対角正準形の回路実現 (2)：それぞれのモードは 1 次系

例題を用いて，対角正準形（モード正準形）についての理解を深めましょう。

例題 5.1（対角正準形の実現） 伝達関数が

$$G(s) = \frac{s+2}{s^2 + 7s + 12}$$

である線形システムを対角正準形で状態空間実現しましょう。また，そのときの回路実現のブロック線図を描きましょう。

この伝達関数を部分分数展開すると，

$$G(s) = -\frac{1}{s+3} + \frac{2}{s+4}$$

となります。このように，このシステムは二つの 1 次系の並列結合です。ここで，極 $s = -3,\ -4$ が固有値に対応し，分子の $-1$ と $2$ がそれぞれに対応する留数です。すなわち，$\lambda = -3,\ -4$，$b_1 c_1 = -1$，$b_2 c_2 = 2$ に対応します。このように $b_i$ と $c_i$ には自由度がありますが，ここでは一例として $b_1 = b_2 = 1$，$c_1 = -1,\ c_2 = 2$ とします。

以上より，つぎの状態空間表現が得られます。

$$\frac{\mathrm{d}}{\mathrm{d}t} \begin{bmatrix} x_1(t) \\ x_2(t) \end{bmatrix} = \begin{bmatrix} -3 & 0 \\ 0 & -4 \end{bmatrix} \begin{bmatrix} x_1(t) \\ x_2(t) \end{bmatrix} + \begin{bmatrix} 1 \\ 1 \end{bmatrix} u(t)$$

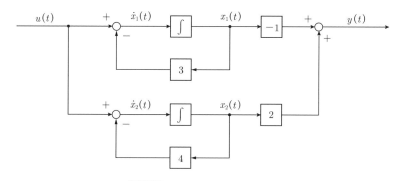

**図 5.3**　対角正準形の回路実現

$$y(t) = \begin{bmatrix} -1 & 2 \end{bmatrix} \begin{bmatrix} x_1(t) \\ x_2(t) \end{bmatrix}$$

このときの回路実現を図 5.3 に示します。　　　　　　　　　　　　◇

　以上では，行列 $A$ が相異なる固有値を持つ場合について考えました。特に，例題では実固有値を取り扱いましたが，この結果は複素共役な固有値の場合にも拡張できます。また，重根を持つ場合にも拡張できますが，本書ではその説明は省略します。

### 5.1.2　状態空間表現と伝達関数の関係

　図 5.1 において，$\bar{b}_i \neq 0$ のモードは**可制御**，$\bar{b}_i = 0$ のモードは**不可制御**です。そして，一つでも不可制御なモードが存在すれば，そのシステムは不可制御になります。同様にして，図 5.1 において，$\bar{c}_i \neq 0$ のモードは**可観測**，$\bar{c}_i = 0$ のモードは**不可観測**であるといわれます。そして，一つでも不可観測なモードが存在すれば，そのシステムは不可観測です。これらの事実をつぎのポイントでまとめましょう。

**Point 5.1**　カルマンの正準分解

　図 5.1 において，それぞれのモードが可制御か不可制御か，そして，可観測か不可観測かによって，4 つの**サブシステム**（部分システムのことです）にシステムを分類することができます。これを**カルマンの正準分解**といい，その様

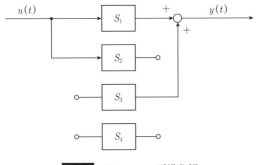

**図 5.4** カルマンの正準分解

子を図 5.4 に示しました。

$S_1$ **可制御かつ可観測なサブシステム** ：図 5.1 において，$\bar{b}_i \neq 0$，$\bar{c}_i \neq 0$ であるサブシステム

$S_2$ **可制御かつ不可観測なサブシステム** ：図 5.1 において，$\bar{b}_i \neq 0$，$\bar{c}_i = 0$ であるサブシステム

$S_3$ **不可制御かつ可観測なサブシステム** ：図 5.1 において，$\bar{b}_i = 0$，$\bar{c}_i \neq 0$ であるサブシステム

$S_4$ **不可制御かつ不可観測なサブシステム**：図 5.1 において，$\bar{b}_i = 0$，$\bar{c}_i = 0$ であるサブシステム

図 5.4 から明らかなように，システムへの入力 $u(t)$ と出力 $y(t)$ が存在しているのは，サブシステム $S_1$ だけです。そのほかのサブシステム $S_2$，$S_3$，$S_4$ は伝達関数には寄与しません。これより，つぎのポイントが得られます。

**Point 5.2** 伝達関数と状態空間表現

古典制御で大活躍した**伝達関数**は，システムを状態空間表現したとき，可制御かつ可観測な部分の入出力関係を表したもので，図 5.4 のサブシステム $S_1$ に対応します。言い方を変えると，サブシステム $S_2$，$S_3$，$S_4$ は伝達関数では記述できない部分です。このように，状態空間表現は伝達関数よりも広い範囲のシステムを表現することができます。

システム全体の伝達関数は，サブシステム $S_2$，$S_3$，$S_4$ の極の値で**極零相殺**をして，サブシステム $S_1$ の伝達関数に等しくなります。この極零相殺については，第3章の不可制御の例題，第4章の不可観測の例題で見てきたとおりです。

すべての実現の中で状態空間表現の次元が最小のものを**最小実現**（minimum realization）といいます。実現されたシステムが最小実現であるための必要十分条件は，そのシステムが可制御かつ可観測であることです。

## 5.2　状態フィードバック制御とオブザーバの併合システム

通常，制御対象である動的システムの状態の数は出力の数よりも多いので，すべての状態変数の値を測定することができません。そのため，第4章で学んだオブザーバによって制御対象の状態を推定し，得られた状態推定値を用いて状態フィードバック制御を施すことになります。これが現代制御による標準的なフィードバック制御システムの構成法であり，それを図5.5に示します。図より，制御対象の入出力データ（$u(t)$ と $y(t)$）をオブザーバに入力して状態推定値 $\hat{x}(t)$ を計算し，それにフィードバックゲイン $f$ を乗じて状態フィードバックして，制御入力を決定します。さらに詳細なブロック線図を図5.6に示します。このような全体システムは，状態フィードバック制御とオブザーバの**併合システム**と呼ばれます。

状態フィードバック制御とオブザーバの**併合システム**は，状態フィードバック

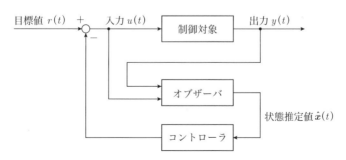

**図 5.5**　オブザーバを用いた状態フィードバック制御

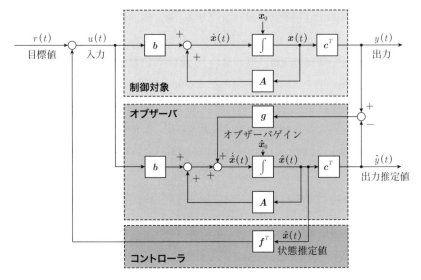

**図 5.6**　オブザーバを用いた状態フィードバック制御の詳細なブロック線図

ゲイン $\boldsymbol{f}$ の設計と，オブザーバゲイン $\boldsymbol{g}$ の設計という二つの設計問題を含んでいます。そのため，互いに関係して問題が複雑になる可能性もあり，注意深く取り扱う必要があります。以下では，この併合システムの性質について調べていきましょう。

図 5.6 に示した制御対象，オブザーバ，コントローラ，そしてオブザーバの状態推定誤差をもう一度整理しましょう。

- 制御対象

$$\frac{\mathrm{d}}{\mathrm{d}t}\boldsymbol{x}(t) = \boldsymbol{A}\boldsymbol{x}(t) + \boldsymbol{b}u(t) \tag{5.15}$$

$$y(t) = \boldsymbol{c}^T\boldsymbol{x}(t) \tag{5.16}$$

- オブザーバ

$$\frac{\mathrm{d}}{\mathrm{d}t}\hat{\boldsymbol{x}}(t) = \boldsymbol{A}\hat{\boldsymbol{x}}(t) + \boldsymbol{b}u(t) + \boldsymbol{g}\left\{y(t) - \boldsymbol{c}^T\hat{\boldsymbol{x}}(t)\right\} \tag{5.17}$$

- コントローラ

$$u(t) = -\boldsymbol{f}^T\hat{\boldsymbol{x}}(t) \tag{5.18}$$

- オブザーバの状態推定誤差

$$\tilde{\boldsymbol{x}}(t) = \hat{\boldsymbol{x}}(t) - \boldsymbol{x}(t) \tag{5.19}$$

いま，式 (5.18) を式 (5.15) に代入すると，

$$\frac{\mathrm{d}}{\mathrm{d}t}\boldsymbol{x}(t) = \boldsymbol{A}\boldsymbol{x}(t) - \boldsymbol{b}\boldsymbol{f}^T\hat{\boldsymbol{x}}(t) \tag{5.20}$$

となり，さらに式 (5.19) を利用すると，制御対象の状態 $\boldsymbol{x}(t)$ に関する 1 階微分方程式

$$
\begin{aligned}
\frac{\mathrm{d}}{\mathrm{d}t}\boldsymbol{x}(t) &= \boldsymbol{A}\boldsymbol{x}(t) - \boldsymbol{b}\boldsymbol{f}^T\left(\tilde{\boldsymbol{x}}(t) + \boldsymbol{x}(t)\right) \\
&= \left(\boldsymbol{A} - \boldsymbol{b}\boldsymbol{f}^T\right)\boldsymbol{x}(t) - \boldsymbol{b}\boldsymbol{f}^T\tilde{\boldsymbol{x}}(t)
\end{aligned}
\tag{5.21}
$$

が得られます。

つぎに，状態推定誤差 $\tilde{\boldsymbol{x}}(t)$ の時間微分を計算しましょう。少し長い式変形ですが，一つ一つ確認してください。

$$
\begin{aligned}
\frac{\mathrm{d}}{\mathrm{d}t}\tilde{\boldsymbol{x}}(t) &= \frac{\mathrm{d}}{\mathrm{d}t}\hat{\boldsymbol{x}}(t) - \frac{\mathrm{d}}{\mathrm{d}t}\boldsymbol{x}(t) \\
&= \boldsymbol{A}\hat{\boldsymbol{x}}(t) + \boldsymbol{b}u(t) + \boldsymbol{g}\left\{y(t) - \boldsymbol{c}^T\hat{\boldsymbol{x}}(t)\right\} - \left\{\boldsymbol{A}\boldsymbol{x}(t) + \boldsymbol{b}u(t)\right\} \\
&= \boldsymbol{A}\hat{\boldsymbol{x}}(t) + \boldsymbol{g}\left\{\boldsymbol{c}^T\boldsymbol{x}(t) - \boldsymbol{c}^T\hat{\boldsymbol{x}}(t)\right\} - \boldsymbol{A}\boldsymbol{x}(t) \\
&= \left(\boldsymbol{A} - \boldsymbol{g}\boldsymbol{c}^T\right)\hat{\boldsymbol{x}}(t) - \left(\boldsymbol{A} - \boldsymbol{g}\boldsymbol{c}^T\right)\boldsymbol{x}(t) \\
&= \left(\boldsymbol{A} - \boldsymbol{g}\boldsymbol{c}^T\right)\left(\hat{\boldsymbol{x}}(t) - \boldsymbol{x}(t)\right)
\end{aligned}
$$

これより，$\tilde{\boldsymbol{x}}(t)$ に関する 1 階微分方程式

$$\frac{\mathrm{d}}{\mathrm{d}t}\tilde{\boldsymbol{x}}(t) = \left(\boldsymbol{A} - \boldsymbol{g}\boldsymbol{c}^T\right)\tilde{\boldsymbol{x}}(t) \tag{5.22}$$

が得られます。

式 (5.21) がフィードバック制御された閉ループシステムを表し，式 (5.22) がオブザーバを表しています。そこで，これらの状態変数を並べて新しい状態 $\boldsymbol{z}(t)$ を定義しましょう。

$$\boldsymbol{z}(t) = \left[\begin{array}{c} \boldsymbol{x}(t) \\ \tilde{\boldsymbol{x}}(t) \end{array}\right] \tag{5.23}$$

このように構成されたものを**拡大状態**と呼びます。この拡大状態の大きさは $(2n \times 1)$ です。この状態に対する新しい状態方程式が，**併合システム**の状態方程式になります。式 (5.21)，(5.22) より，併合システムをブロックごとに表すと，

$$\frac{\mathrm{d}}{\mathrm{d}t} \begin{bmatrix} \boldsymbol{x}(t) \\ \tilde{\boldsymbol{x}}(t) \end{bmatrix} = \begin{bmatrix} \boldsymbol{A} - \boldsymbol{b}\boldsymbol{f}^T & -\boldsymbol{b}\boldsymbol{f}^T \\ \boldsymbol{0} & \boldsymbol{A} - \boldsymbol{g}\boldsymbol{c}^T \end{bmatrix} \begin{bmatrix} \boldsymbol{x}(t) \\ \tilde{\boldsymbol{x}}(t) \end{bmatrix} \tag{5.24}$$

が得られます。この併合システムをつぎのように記述します。

$$\frac{\mathrm{d}}{\mathrm{d}t} \boldsymbol{z}(t) = \mathcal{A}\boldsymbol{z}(t), \qquad \boldsymbol{z}(0) = \boldsymbol{z}_0 \tag{5.25}$$

ここで，$\mathcal{A}$ は $(2n \times 2n)$ の正方行列で，

$$\mathcal{A} = \begin{bmatrix} \boldsymbol{A} - \boldsymbol{b}\boldsymbol{f}^T & -\boldsymbol{b}\boldsymbol{f}^T \\ \boldsymbol{0} & \boldsymbol{A} - \boldsymbol{g}\boldsymbol{c}^T \end{bmatrix} \tag{5.26}$$

で与えられます。この行列は四つの $(n \times n)$ のブロック行列から構成されています。この行列 $\mathcal{A}$ のすべての固有値が $s$ 平面の左半平面に存在すれば，すなわち，$\mathcal{A}$ が**安定行列**であれば，時刻が $t \to \infty$ のとき，拡大状態 $\boldsymbol{z}$ は $\boldsymbol{0}$ に向かいます。このとき，状態 $\boldsymbol{x}(t) \to \boldsymbol{0}$ となり，レギュレータ問題の所望の制御結果が得られ，それと同時に，状態推定誤差 $\tilde{\boldsymbol{x}}(t) \to \boldsymbol{0}$ となり，オブザーバによる状態推定も成功します。

行列 $\mathcal{A}$ の固有値を調べるためには，線形代数の知識が必要です。いま，つぎのブロック行列

$$\boldsymbol{X} = \begin{bmatrix} \boldsymbol{A} & \boldsymbol{B} \\ \boldsymbol{0} & \boldsymbol{C} \end{bmatrix} \tag{5.27}$$

に対して，

$$\det \boldsymbol{X} = \det \boldsymbol{A} \det \boldsymbol{C} \tag{5.28}$$

が成り立ちます。これより，

$$\lambda \boldsymbol{I} - \boldsymbol{X} = \begin{bmatrix} \lambda \boldsymbol{I} - \boldsymbol{A} & -\boldsymbol{B} \\ \boldsymbol{0} & \lambda \boldsymbol{I} - \boldsymbol{C} \end{bmatrix} \tag{5.29}$$

に対しては，次式が成り立ちます。

$$\det(\lambda \boldsymbol{I} - \boldsymbol{X}) = \det(\lambda \boldsymbol{I} - \boldsymbol{A}) \det(\lambda \boldsymbol{I} - \boldsymbol{C}) \tag{5.30}$$

以上の準備のもとで，式 (5.26) の行列 $\mathcal{A}$ の固有値は，次式を解くことによって算出できます。

$$\det(\lambda \boldsymbol{I} - \mathcal{A}) = 0 \tag{5.31}$$

式 (5.30) を用いて式 (5.31) を変形すると，

$$\det(\lambda \boldsymbol{I} - (\boldsymbol{A} - \boldsymbol{b} \boldsymbol{f}^T)) \det(\lambda \boldsymbol{I} - (\boldsymbol{A} - \boldsymbol{g} \boldsymbol{c}^T)) = 0 \tag{5.32}$$

となります。式 (5.32) より，式 (5.26) の行列 $\mathcal{A}$ の固有値は，つぎの二つから構成されることがわかります。その一つは，状態フィードバック制御による閉ループシステムの極に対応する行列 $(\boldsymbol{A} - \boldsymbol{b} \boldsymbol{f}^T)$ の固有値であり，もう一つは，オブザーバの極に対応する行列 $(\boldsymbol{A} - \boldsymbol{g} \boldsymbol{c}^T)$ の固有値です。これより，つぎのポイントが得られます。

---

**Point 5.3** 分離定理

状態フィードバック制御とオブザーバの併合システムにおいて，状態フィードバック制御による閉ループ極とオブザーバ極を**独立**に選ぶことができます。これは**分離定理**と呼ばれます。

---

このポイントより，われわれは，状態フィードバックの設計とオブザーバの設計を独立に行うことができます。これは素晴らしい事実です。つぎは，どのようにして状態フィードバック制御とオブザーバの設計を行ったらよいかのガイドラインがほしいですね。

その一つの解答例を $s$ 平面内の極を用いて図 5.7 に示します。この図では，不安定な 4 次の制御対象を想定し，その極を丸印（●）で示します。この不安定システムの極をフィードバック制御によって左半平面に移動することができ，その結果得られた閉ループシステムの極を四角印（■）で示します。この極配置は，フィードバック制御システム設計のための設計仕様から決定されます。問題は，このときオブザーバの極をどこに配置したらよいかです。その答えを図では三角印（▲）で示します。オブザーバにより推定される状態 $\hat{\boldsymbol{x}}(t)$ は，できるだけ速

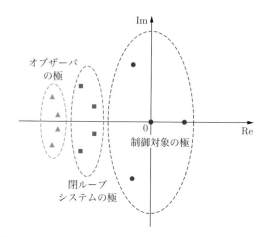

**図 5.7**　制御対象，閉ループシステム，そしてオブザーバの極の配置

く，その真値 $x(t)$ に収束してほしいので，オブザーバの極は原点からより遠い，すなわち，周波数が高い場所へ配置すべきです。そこで，図に示したように，閉ループシステムの極よりも左側に配置すべきだとされています。

# 第6章

# 最適制御

　本章では，現代制御の中心的なテーマである最適制御について解説します。まず，1次系の制御対象に対する最適制御問題を紹介し，つぎに，一般的な最適制御を説明します。SISO システムの最適制御問題の例題を用いて，コントローラの具体的な設計法を与えます。そして，最適制御と古典制御の関係を調べるために，最適制御によるフィードバック制御システムの周波数特性について，ナイキスト線図を用いて説明します。最後に，最適サーボシステムについて解説します。

## 6.1　レギュレータ問題とサーボ問題

　本章で考えるフィードバック制御システムのブロック線図を図 6.1 に示します。ここでは外部入力として目標値 $r(t)$ と外乱 $d(t)$ を考えており，これらの存在によって，制御問題はつぎの二つに分類できます。

- **レギュレータ** (regulator) 問題：目標値を $r(t) = 0$ として，外乱 $d(t)$ の影響や状態の初期値 $x_0$ の影響によって平衡点 $x = 0$ からずれた状態 $x(t)$ を，制御入力 $u(t)$ を加えることによって平衡点に速やかに戻す問題。

- **サーボ** (servo) 問題：外乱が存在しない，すなわち，$d(t) = 0$ のとき，状態の初期値が 0 ($x(0) = 0$) という状況のもとで，出力 $y(t)$ が目標値 $r(t)$

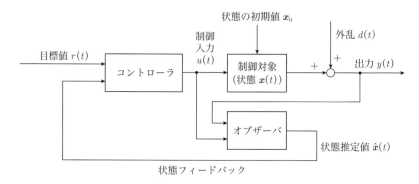

**図 6.1**　フィードバック制御システムのブロック線図

に追従するように制御入力 $u(t)$ を加える問題。より一般的には，外乱や状態の初期値が存在する状況下で，出力を目標値に追従させる問題。

前著『制御工学のこころ – 古典制御編 –』の「5.2.3 2 自由度制御システム」で述べたように，外乱の影響を抑制する**外乱抑制性**と，目標値に追従する**目標値追従性**という二つのミッションを同時に一つのフィードバックコントローラで対応することには少し無理があります。実問題への適用を考えた場合には，前著で述べた 2 自由度制御を適用すべきですが，ここでは紙面の都合で 2 自由度制御については触れません。

本書では線形システムを対象としているので，重ね合わせの理を用いることにより，外乱などの影響と目標値の影響を独立に考えることができます。まず，最適レギュレータ問題について説明し，引き続いて最適サーボ問題について解説します。前章の Point 5.3 の分離定理で示したように，状態フィードバック制御とオブザーバの設計は分離して考えることができるので，議論の煩雑さを避けるために，本章では状態推定値 $\hat{x}(t)$ ではなく，状態 $x(t)$ が利用できると仮定して議論を進めていきます。

## 6.2　評価関数と最適制御

本節では 1 次系を用いて，最適制御の考え方を紹介しましょう。

**例題 6.1**（1 次系の最適制御）　つぎのように状態空間表現された 1 次系

$$\frac{\mathrm{d}}{\mathrm{d}t}x(t) = ax(t) + bu(t), \qquad x(0) = x_0 \tag{6.1}$$

$$y(t) = cx(t) \tag{6.2}$$

を対象とします。ここで，$a$, $b$, $c$ はすべてスカラーであり，$b > 0$ とします。以下では，外乱や初期値の影響で平衡点 $x(t) = 0$ からずれた状態 $x(t)$ を速やかに平衡点に戻す**レギュレータ問題**を考えます。速やかにいうばくぜんとした言い方ですと**制御仕様**にならないので，状態の 2 乗面積

$$J = \int_0^\infty x^2(t)\mathrm{d}t \tag{6.3}$$

を**評価関数**として，これを最小にする制御入力 $u(t)$ を求める問題を考えます。このように評価関数を設定して，それを最小化（あるいは最大化）する制御入力を決定することを**最適制御**といいます。いま考えている問題は**最適レギュレータ問題**と呼ばれます。

古典制御の場合には，制御量である出力 $y(t)$ に着目して制御性能を評価していましたが，現代制御では，よりきめ細かく制御するために状態 $x(t)$ を用いて制御性能を評価します。

この制御対象に対して，状態フィードバック制御

$$u(t) = -fx(t) \tag{6.4}$$

を適用すると，閉ループシステムは，

$$\frac{\mathrm{d}}{\mathrm{d}t}x(t) = (a - bf)x(t) \tag{6.5}$$

という**自由システム**[1]になります。この閉ループシステムが安定になるためには，$a - bf < 0$ でなければならないので，フィードバックゲイン $f$ は

$$f > \frac{a}{b} \tag{6.6}$$

を満たす必要があります。このとき，式 (6.5) の解は，

$$x(t) = e^{(a-bf)t}x_0 \tag{6.7}$$

---

[1] 自由システムとは，Point 2.6 でも述べたように，式 (6.5) のように入力がないシステムのことです。

で与えられます。

式 (6.7) を式 (6.3) に代入して評価関数を計算すると，

$$J = \int_0^\infty e^{2(a-bf)t} x_0^2 \, \mathrm{d}t = \frac{x_0^2}{2(a-bf)} \left[ e^{2(a-bf)t} \right]_0^\infty = \frac{x_0^2}{2(bf-a)} \qquad (6.8)$$

が得られます。この式変形における指数関数 $e^t$ の定積分を手計算で確認してください。

式 (6.8) より，フィードバックゲイン $f$ を大きくすればするほど，評価関数 $J$ は小さくなります。すなわち，制御性能が向上することがわかります。この例題は紙の上の人工的な 1 次系[2]なので，フィードバックゲインをいくら大きくしても一巡伝達関数の位相は 90° 以上遅れないので，不安定にはなりません。しかし，フィードバックゲインを大きくすると，過大な入力値が必要になるため，利用するアクチュエータの能力を考慮すると，この問題設定は現実的ではありません。

そこで，式 (6.3) の評価関数を次式のように改良しましょう。

$$J = \int_0^\infty \left[ x^2(t) + r u^2(t) \right] \mathrm{d}t \qquad (6.9)$$

この評価関数は状態の大きさの 2 乗 $x^2(t)$ と入力の大きさの 2 乗 $u^2(t)$ から構成されており，そのバランスを重み $r > 0$ で調整しています。このように重みづけされた入力を導入することにより，過大な入力を利用することを避けることができます。

式 (6.4)，(6.7) を式 (6.9) に代入して計算すると，

$$J(f) = \int_0^\infty (1 + rf^2) x^2(t) \mathrm{d}t = (1 + rf^2) \frac{x_0^2}{2(bf-a)} \qquad (6.10)$$

となります[3]。この評価関数の最小値を与える $f$ を求める問題を考えましょう。最小化問題を解くために，式 (6.10) を $f$ に関して偏微分して 0 とおきます。

---

[2] 現実のシステムの場合，たとえ 1 次系であっても，それ以外にアクチュエータの動特性による遅れ，プロセッサの演算遅れなどが存在するため，一巡伝達関数の位相は中・高周波帯域で 180° 以上遅れます。そのため，フィードバックシステムの不安定化を防ぐためには，フィードバックゲインをむやみやたらと大きくすることはできません。

[3] $J$ は状態フィードバックゲイン $f$ の関数であることを明示したかったので $J(f)$ と書きました。これが高校数学の関数 $f(x)$ に対応します。

$$\frac{\partial J(f)}{\partial f} = \frac{x_0^2}{2} \frac{\partial}{\partial f} \left( \frac{1 + rf^2}{bf - a} \right) = \frac{x_0^2}{2} \frac{brf^2 - 2arf - b}{(bf - a)^2} = 0 \tag{6.11}$$

ここで，商の微分の公式を使いました。式 (6.11) の分母の $(bf - a)^2$ は式 (6.6) より 0 にならず必ず正なので，分子の $f$ についての 2 次方程式

$$brf^2 - 2arf - b = 0 \tag{6.12}$$

だけを考えましょう。式 (6.12) を解くと，二つの解

$$f_1 = \frac{a}{b} - \sqrt{\frac{a^2}{b^2} + \frac{1}{r}} < 0, \qquad f_2 = \frac{a}{b} + \sqrt{\frac{a^2}{b^2} + \frac{1}{r}} > 0 \tag{6.13}$$

が得られます。高校のときに学んだ数学を思い出して，関数 $J(f)$ の増減表を書くと表 6.1 のようになります。式 (6.6) の条件（増減表では，この条件を満たす範囲を網掛けで示しました）に注意すると，

$$f = f_2 = \frac{a}{b} + \sqrt{\frac{a^2}{b^2} + \frac{1}{r}} \tag{6.14}$$

のときに，$J(f)$ は最小値をとることがわかります。これが式 (6.9) の評価関数 $J(f)$ を最小にする最適フィードバックゲインです。

**表 6.1** 最適制御の評価関数 $J(f)$ の増減表

| $f$ | | $f_1$ | | $\frac{a}{b}$ | | $f_2$ | |
|---|---|---|---|---|---|---|---|
| $J'(f)$ | + | 0 | − | | − | 0 | + |
| $J(f)$ | ↗ | 極大 | ↘ | $+\infty$ $-\infty$ | ↘ | 極小 | ↗ |

◇

「最適」という用語について，つぎのポイントでまとめておきましょう。

---

**Point 6.1** 最適制御

式 (6.9) のような，非負のスカラー値をとる評価関数 $J$ を最小（あるいは最大）にする制御入力を決定する問題を**最適制御問題**（optimal control problem）と呼びます。状態空間表現されている線形システムを制御する場合，その最適制御入力は，状態フィードバックの形式で与えられることが知られています。

われわれは日常生活で何気なく「最適ですね」という表現を使っていますが，工学の分野で「最適」を使うときには，必ずなんらかの「評価関数」を定義して，それを最小（あるいは最大）にする問題を取り扱うことに注意してください。

## 6.3 最適レギュレータ

### 6.3.1 最適レギュレータ問題

つぎのように状態空間表現される $\ell$ 入力，$m$ 出力，$n$ 状態の MIMO システム

$$\frac{\mathrm{d}}{\mathrm{d}t}\boldsymbol{x}(t) = \boldsymbol{A}\boldsymbol{x}(t) + \boldsymbol{B}\boldsymbol{u}(t), \qquad \boldsymbol{x}(0) = \boldsymbol{x}_0 \tag{6.15}$$

$$\boldsymbol{y}(t) = \boldsymbol{C}\boldsymbol{x}(t) + \boldsymbol{D}\boldsymbol{u}(t) \tag{6.16}$$

に対して最適レギュレータを構成する問題を考えます。ここで，$\boldsymbol{A}$ は $(n \times n)$ 行列，$\boldsymbol{B}$ は $(n \times \ell)$ 行列，$\boldsymbol{C}$ は $(m \times n)$ 行列，$\boldsymbol{D}$ は $(m \times \ell)$ 行列です。以下では，まず MIMO システムに対する最適レギュレータを与え，その特殊な場合として SISO システムに対する最適レギュレータについて詳しく説明します。

Point 6.1 で述べたように，最適制御を行うために最初に準備するものは評価関数 $J$ です。そこで，式 (6.9) を一般化した評価関数を，

$$J(\boldsymbol{x}_0, \boldsymbol{u}) = \int_0^\infty \left[\boldsymbol{x}^T(t)\boldsymbol{Q}\boldsymbol{x}(t) + \boldsymbol{u}^T(t)\boldsymbol{R}\boldsymbol{u}(t)\right] \mathrm{d}t \tag{6.17}$$

のように定義します。ここで，$\boldsymbol{x}_0$ は状態の初期値です。正方対称行列 $\boldsymbol{Q}$ の大きさは $(n \times n)$ で，これは状態に対する**重み行列**です。また，正方対称行列 $\boldsymbol{R}$ の大きさは $(m \times m)$ で，これは入力に対する**重み行列**です。式 (6.17) の右辺の被積分項は，状態の 2 次形式 $\boldsymbol{x}^T(t)\boldsymbol{Q}\boldsymbol{x}(t)$ と入力の 2 次形式 $\boldsymbol{u}^T(t)\boldsymbol{R}\boldsymbol{u}(t)$ から構成されています。行列 $\boldsymbol{Q}$ を非負定値行列とすることにより，$\boldsymbol{x}^T(t)\boldsymbol{Q}\boldsymbol{x}(t) \geq 0$ が保証され，行列 $\boldsymbol{R}$ を正定値行列とすることにより，$\boldsymbol{u}^T(t)\boldsymbol{R}\boldsymbol{u}(t) > 0$ が保証され，それらの和である評価関数は正のスカラー値をとります。

以上で示したように，ここでは**線形システム**（Linear system）に対して 2 次形式（Quadratic form）による評価関数を最適化する問題を考えています。このようにして得られたものを **LQ 制御**といいます[4]。

---

[4] 本書の範囲を超えますが，ガウス分布のような確率的な外乱の存在下での最適制御を Linear Quadratic Gaussian (LQG) 制御といいます。

2次形式と正定値行列について，つぎの Point 6.2 にまとめておきましょう。

**Point 6.2** 2次形式と正定値行列

現代制御の数学的基礎の一つは**線形代数**であり，その中でも2次形式と正定値行列は重要です。スカラー変数 $x$ に対する2次関数 $f(x) = ax^2$ を，ベクトル変数 $\boldsymbol{x}$ の場合に拡張したものが2次形式 $f(\boldsymbol{x}) = \boldsymbol{x}^T \boldsymbol{A} \boldsymbol{x}$ に対応します。そのため，スカラー $a$ が行列 $\boldsymbol{A}$ に対応します。

ここでは，簡単のためにベクトル $\boldsymbol{x}$ と正方対称行列 $\boldsymbol{A}$ を

$$\boldsymbol{x} = \begin{bmatrix} x_1 \\ x_2 \end{bmatrix}, \quad \boldsymbol{A} = \begin{bmatrix} a_{11} & a_{12} \\ a_{12} & a_{22} \end{bmatrix}$$

とした2次元の場合を考えます。このとき，ベクトル $\boldsymbol{x}$ の**2次形式**（quadratic form）は，

$$\boldsymbol{x}^T \boldsymbol{A} \boldsymbol{x} = \begin{bmatrix} x_1 & x_2 \end{bmatrix} \begin{bmatrix} a_{11} & a_{12} \\ a_{12} & a_{22} \end{bmatrix} \begin{bmatrix} x_1 \\ x_2 \end{bmatrix}$$
$$= a_{11}x_1^2 + 2a_{12}x_1x_2 + a_{22}x_2^2$$

となります。この2次形式の値はスカラーになることに注意しましょう。

いま，$\boldsymbol{x} = \boldsymbol{0}$ 以外のすべての $\boldsymbol{x}$ に対して，

$$\boldsymbol{x}^T \boldsymbol{A} \boldsymbol{x} > 0 \tag{6.18}$$

が成り立つとき，$\boldsymbol{A} \succ 0$, あるいは $\boldsymbol{A} > 0$ と表記され，このとき行列 $\boldsymbol{A}$ は**正定値行列**（positive definite matrix）と呼ばれます。逆に，$\boldsymbol{x}^T \boldsymbol{A} \boldsymbol{x} < 0$ のとき，$\boldsymbol{A} \prec 0$，あるいは $\boldsymbol{A} < 0$ と表記され，このとき行列 $\boldsymbol{A}$ は**負定値行列**（negative definite matrix）と呼ばれます。また，$\boldsymbol{x}^T \boldsymbol{A} \boldsymbol{x} \geq 0$ のとき，行列 $\boldsymbol{A}$ は**半正定行列**（positive semi-definite matrix），$\boldsymbol{x}^T \boldsymbol{A} \boldsymbol{x} \leq 0$ のとき，行列 $\boldsymbol{A}$ は**半負定行列**（negative semi-definite matrix）といわれます。

与えられた行列 $\boldsymbol{A}$ に対して，式 (6.18) の条件をしらみつぶしに調べることは不可能です。行列 $\boldsymbol{A}$ が正定値行列であるための必要十分条件は，$\boldsymbol{A}$ のすべての固有値が存在して正であることが知られています。

正方行列のすべての固有値が非零であれば**正則**でした。それに対して，

Point 6.2 より，正定値であるためにはすべての固有値が存在して，しかもすべて正でなければならないことに注意しましょう。このように，正定値行列は正則行列の部分集合になります。

　ここでは最適制御の結果を先に与えます。評価関数 (6.17) を最小にする**最適フィードバック制御則**は，

$$u(t) = -\boldsymbol{F}\boldsymbol{x}(t) = -\boldsymbol{R}^{-1}\boldsymbol{B}^T\boldsymbol{P}\boldsymbol{x}(t) \tag{6.19}$$

で与えられます。ここで，$\boldsymbol{F}$ は，

$$\boldsymbol{F} = \boldsymbol{R}^{-1}\boldsymbol{B}^T\boldsymbol{P} \tag{6.20}$$

で与えられる**フィードバックゲイン行列**です。式 (6.19) で，$(n \times n)$ の正方対称行列 $\boldsymbol{P}$ は行列方程式

$$\boldsymbol{A}^T\boldsymbol{P} + \boldsymbol{P}\boldsymbol{A} - \boldsymbol{P}\boldsymbol{B}\boldsymbol{R}^{-1}\boldsymbol{B}^T\boldsymbol{P} + \boldsymbol{Q} = 0 \tag{6.21}$$

の正定値解です。この式 (6.21) は**リッカチ方程式**（Riccati equation）と呼ばれます。式 (6.19) を式 (6.15) に代入すると，閉ループシステムは，

$$\frac{\mathrm{d}}{\mathrm{d}t}\boldsymbol{x}(t) = \boldsymbol{A}_c\boldsymbol{x}(t) \tag{6.22}$$

となります。ここで，閉ループシステム行列は

$$\boldsymbol{A}_c = \boldsymbol{A} - \boldsymbol{B}\boldsymbol{R}^{-1}\boldsymbol{B}^T\boldsymbol{P} \tag{6.23}$$

で与えられます。

## 6.3.2　最適レギュレータの導出

　ここまで最適制御の重要な式を与えました。以下では，数式を使ってもう少し詳しく最適制御について調べていきましょう。ちょっと数式がややこしくなりますが，式変形の途中経過を省略することなく書いたので，一つ一つの式を追って理解していただけるとうれしいです。

　リッカチ方程式 (6.21) より，$\boldsymbol{Q}$ は

$$\boldsymbol{Q} = -\boldsymbol{A}^T\boldsymbol{P} - \boldsymbol{P}\boldsymbol{A} + \boldsymbol{P}\boldsymbol{B}\boldsymbol{R}^{-1}\boldsymbol{B}^T\boldsymbol{P} \tag{6.24}$$

と書けるので，これを評価関数 (6.17) に代入します。

$$J(\boldsymbol{x}_0,\,\boldsymbol{u}) = \int_0^\infty \left[\boldsymbol{x}^T(t)\left(-\boldsymbol{A}^T\boldsymbol{P} - \boldsymbol{P}\boldsymbol{A} + \boldsymbol{P}\boldsymbol{B}\boldsymbol{R}^{-1}\boldsymbol{B}^T\boldsymbol{P}\right)\boldsymbol{x}(t)\right. \\ \left. + \boldsymbol{u}^T(t)\boldsymbol{R}\boldsymbol{u}(t)\right]\mathrm{d}t \tag{6.25}$$

この式の右辺の被積分項は，つぎのように変形することができます。

$$J(\boldsymbol{x}_0,\,\boldsymbol{u}) = \int_0^\infty \left[-\left\{\boldsymbol{A}\boldsymbol{x}(t) + \boldsymbol{B}\boldsymbol{u}(t)\right\}^T \boldsymbol{P}\boldsymbol{x}(t)\right. \\ -\boldsymbol{x}^T(t)\boldsymbol{P}\left\{\boldsymbol{A}\boldsymbol{x}(t) + \boldsymbol{B}\boldsymbol{u}(t)\right\} \\ \left. + \left\{\boldsymbol{u}(t) + \boldsymbol{R}^{-1}\boldsymbol{B}^T\boldsymbol{P}\boldsymbol{x}(t)\right\}^T \boldsymbol{R}\left\{\boldsymbol{u}(t) + \boldsymbol{R}^{-1}\boldsymbol{B}^T\boldsymbol{P}\boldsymbol{x}(t)\right\}\right]\mathrm{d}t \tag{6.26}$$

式 (6.25) から式 (6.26) への導出を思いつくことは少し難しいですが，式 (6.26) を展開して整理すると式 (6.25) になるので，手計算で確認してください。式 (6.26) の右辺には，見覚えのある状態方程式 (6.15) の右辺が現れたので，式 (6.15) を用いて式 (6.26) を変形すると，

$$J(\boldsymbol{x}_0,\,\boldsymbol{u}) = \int_0^\infty \left[-\left(\frac{\mathrm{d}}{\mathrm{d}t}\boldsymbol{x}(t)\right)^T \boldsymbol{P}\boldsymbol{x}(t) - \boldsymbol{x}^T(t)\boldsymbol{P}\left(\frac{\mathrm{d}}{\mathrm{d}t}\boldsymbol{x}(t)\right)\right. \\ \left. + \left\{\boldsymbol{u}(t) + \boldsymbol{R}^{-1}\boldsymbol{B}^T\boldsymbol{P}\boldsymbol{x}(t)\right\}^T \boldsymbol{R}\left\{\boldsymbol{u}(t) + \boldsymbol{R}^{-1}\boldsymbol{B}^T\boldsymbol{P}\boldsymbol{x}(t)\right\}\right]\mathrm{d}t \tag{6.27}$$

が得られます。さらに，この被積分項の第 1 項と第 2 項は，微分の公式より，

$$-\left(\frac{\mathrm{d}}{\mathrm{d}t}\boldsymbol{x}(t)\right)^T \boldsymbol{P}\boldsymbol{x}(t) - \boldsymbol{x}^T(t)\boldsymbol{P}\left(\frac{\mathrm{d}}{\mathrm{d}t}\boldsymbol{x}(t)\right) = -\frac{\mathrm{d}}{\mathrm{d}t}\left(\boldsymbol{x}^T(t)\boldsymbol{P}\boldsymbol{x}(t)\right)$$

と書けるので，式 (6.27) はつぎのように計算できます。

$$J(\boldsymbol{x}_0,\,\boldsymbol{u}) = \int_0^\infty \left[-\frac{\mathrm{d}}{\mathrm{d}t}\left(\boldsymbol{x}^T(t)\boldsymbol{P}\boldsymbol{x}(t)\right)\right. \\ \left. + \left\{\boldsymbol{u}(t) + \boldsymbol{R}^{-1}\boldsymbol{B}^T\boldsymbol{P}\boldsymbol{x}(t)\right\}^T \boldsymbol{R}\left\{\boldsymbol{u}(t) + \boldsymbol{R}^{-1}\boldsymbol{B}^T\boldsymbol{P}\boldsymbol{x}(t)\right\}\right]\mathrm{d}t \\ = -\left[\boldsymbol{x}^T(t)\boldsymbol{P}\boldsymbol{x}(t)\right]_0^\infty \\ + \int_0^\infty \left\{\boldsymbol{u}(t) + \boldsymbol{R}^{-1}\boldsymbol{B}^T\boldsymbol{P}\boldsymbol{x}(t)\right\}^T \boldsymbol{R}\left\{\boldsymbol{u}(t) + \boldsymbol{R}^{-1}\boldsymbol{B}^T\boldsymbol{P}\boldsymbol{x}(t)\right\}\mathrm{d}t$$

$$= \boldsymbol{x}_0^T \boldsymbol{P} \boldsymbol{x}_0$$

$$+ \int_0^\infty \left\{ \boldsymbol{u}(t) + \boldsymbol{R}^{-1} \boldsymbol{B}^T \boldsymbol{P} \boldsymbol{x}(t) \right\}^T \boldsymbol{R} \left\{ \boldsymbol{u}(t) + \boldsymbol{R}^{-1} \boldsymbol{B}^T \boldsymbol{P} \boldsymbol{x}(t) \right\} \mathrm{d}t \tag{6.28}$$

$t \to \infty$ のとき，フィードバック制御された状態は平衡点（原点）に向かうこと，すなわち，$\boldsymbol{x}(t) \to \boldsymbol{0}$ となることを定積分の計算のときに使いました。

式 (6.28) の右辺第 1 項は入力 $\boldsymbol{u}$ と無関係で，状態の初期値 $\boldsymbol{x}_0$ による項です。一方，右辺第 2 項は 2 次形式で記述されていて[5]，入力 $\boldsymbol{u}(t)$ によって調整できる項です。そこで，右辺第 2 項の被積分項が $\boldsymbol{0}$ になるように，

$$\boldsymbol{u}(t) = -\boldsymbol{R}^{-1} \boldsymbol{B}^T \boldsymbol{P} \boldsymbol{x}(t)$$

と選べば，式 (6.28) を最小化することができます。このようにして，式 (6.19) の最適状態フィードバック制御則が導出できました。このとき，式 (6.28) より，評価関数の最小値は次式で与えられます。

$$\min J(\boldsymbol{x}_0, \boldsymbol{u}) = \boldsymbol{x}_0^T \boldsymbol{P} \boldsymbol{x}_0 \tag{6.29}$$

もう一つ，別の式変形を紹介しましょう。式 (6.21) のリッカチ方程式を変形すると，

$$(\boldsymbol{A} - \boldsymbol{B} \boldsymbol{F})^T \boldsymbol{P} + \boldsymbol{P}(\boldsymbol{A} - \boldsymbol{B} \boldsymbol{F}) = -\boldsymbol{Q} - \boldsymbol{F}^T \boldsymbol{R} \boldsymbol{F} \tag{6.30}$$

が得られます。ここで，$\boldsymbol{F}$ は式 (6.20) で与えたフィードバックゲイン行列です。式 (6.30) は**リアプノフ方程式**（Lyapunov equation）と呼ばれます。この式変形もわかりづらいと思います。式 (6.30) のリアプノフ方程式を変形すると，式 (6.21) のリッカチ方程式になることを確認してください。

式 (6.30) の右辺は負定値であることに注意して，つぎの Point 6.3 を利用すると，式 (6.30) のリアプノフ方程式の解 $\boldsymbol{P}$ が正定値行列となることが，行列 $\boldsymbol{A} - \boldsymbol{B} \boldsymbol{F}$ が安定行列であるための必要十分条件であることがわかります。この条件が満たされるとき，式 (6.22) で与えた閉ループシステムは**漸近安定**[6]になります。

---

[5] この 2 次形式は，中学校のときに学んだ「**平方完成**」の行列・ベクトル版です。

[6] 漸近安定については，第 2 章の Point 2.6 を参照してください。

> **Point 6.3** リアプノフ方程式
>
> 次式で与えられる行列方程式
>
> $$A^T P + P A = -Q \qquad (6.31)$$
>
> をリアプノフ方程式（Lyapunov equation）といいます。ここで，行列 $A$，$P$，$Q$ はすべて $(n \times n)$ 正方行列で，$A$ と $Q \succeq 0$ が与えられていて，$P$ は未知であると仮定します。
>
> このとき，行列 $A$ が安定行列であるための必要十分条件は，リアプノフ方程式 (6.31) を満足する行列 $P$ が正定値行列であることです。

## 6.3.3 最適レギュレータの使い方

**自動制御**（automatic control）の究極の目的は，ユーザーが制御開始のボタンを押したら，あとはすべて機械が自動的に制御して，所望の制御性能が得られることでしょう。たとえば，本章で取り扱っている最適制御を使えば，理論的に最適性が保証された素晴らしいフィードバックコントローラを，自動的に設計してくれるような気がします。しかし，私見になってしまいますが，そのような全自動の制御であったり，なんでも勝手にやってくれる AI（人工知能）は，当分の間は現れないと著者は考えています。ユーザーである人間が関与する部分がどこかにあり，それは決してなくならないとも思っています。そして，人間と技術がクロスオーバーする部分があるものが健全な技術だと思います。

最適レギュレータを設計するとき，評価関数の設定を行うのはユーザーです。残念ながらコントローラが評価関数まで設定してくれません。目の前にある問題を解くときに，ユーザーは利用する評価関数の形を決めなければいけません。しかし，この問題はここでは取り扱わず，評価関数の形は式 (6.17) の 2 次形式で与えられているところから出発します。すると，ユーザーが設定すべきものは，式 (6.17) に含まれる二つの重み行列 $Q$，$R$ になります。それらの設定法を以下では考えましょう。

まず，$Q$ と $R$ はそれぞれ非負定値，正定値行列なので，これを達成する最も簡単な方法はそれらを対角行列にしてその対角要素に正の値を入れることです。

最適制御を行うとき，ほとんどの場合においてこのように $Q$ と $R$ を設定します。すなわち，

$$Q = \mathrm{diag}(q_1, q_2, \ldots, q_n), \quad R = \mathrm{diag}(r_1, r_2, \ldots, r_m) \tag{6.32}$$

とおきます。問題は，それらの対角要素 $q_i \geq 0$ $(i = 1, 2, \ldots, n)$, $r_i > 0$ $(i = 1, 2, \ldots, m)$ の選び方です。まず，状態に関する重み行列 $Q$ では，重要な状態に対応する対角要素の値 $q_i$ を大きく選びます。つぎに，入力に関する重み行列 $R$ では，複数個存在する入力の中で，大きく変動させたくない入力に対する重み $r_i$ を大きく選びます。いずれにしても，重み行列の対角要素の選定には試行錯誤が伴います。1960 年初頭に最適制御が提案されて以来，これらの重み行列の設定法についてもさまざまな研究がなされていますが，初心者にとって，最適制御を利用するときのハードルの一つがこれらの設定になるでしょう。

### 6.3.4　SISO システムに対する最適レギュレータ

MIMO システムに対する最適レギュレータは少し難しそうなので，ここではハードルを下げて SISO システム

$$\frac{\mathrm{d}}{\mathrm{d}t}\boldsymbol{x}(t) = \boldsymbol{A}\boldsymbol{x}(t) + \boldsymbol{b}u(t) \tag{6.33}$$

$$y(t) = \boldsymbol{c}^T \boldsymbol{x}(t) + du(t) \tag{6.34}$$

に対する最適レギュレータについてじっくりと勉強していきましょう。

式 (6.17) の評価関数を SISO システム用に変形すると，

$$J(\boldsymbol{x}_0, u) = \int_0^\infty \left[ \boldsymbol{x}^T(t)\boldsymbol{Q}\boldsymbol{x}(t) + ru^2(t) \right] \mathrm{d}t \tag{6.35}$$

となります。ここで，状態に対する重み行列 $\boldsymbol{Q} \succeq 0$ の大きさは $(n \times n)$ で，入力に対する重み $r > 0$ はスカラーです。この評価関数 (6.35) を最小にする最適フィードバック制御則は，

$$u(t) = -\boldsymbol{f}^T \boldsymbol{x}(t) = -\frac{1}{r}\boldsymbol{b}^T \boldsymbol{P}\boldsymbol{x}(t) \tag{6.36}$$

で与えられます。すなわち，最適フィードバックゲインは

$$\boldsymbol{f} = \frac{1}{r}\boldsymbol{P}\boldsymbol{b} \tag{6.37}$$

となります。式 (6.37) から明らかなように，入力に対する重み $r$ の値を小さくしていくと，フィードバックゲイン $f$ の大きさが増加して，過大な入力を使うことになります。

式 (6.37) で，正方対称行列 $P$ はリッカチ方程式

$$A^T P + PA - \frac{1}{r} P b b^T P + Q = 0 \tag{6.38}$$

の正定値解です。このとき，閉ループシステムは，

$$\frac{\mathrm{d}}{\mathrm{d}t} \boldsymbol{x}(t) = \boldsymbol{A}_c \boldsymbol{x}(t) \tag{6.39}$$

となります。ここで，

$$\boldsymbol{A}_c = \boldsymbol{A} - \frac{1}{r} \boldsymbol{b} \boldsymbol{b}^T \boldsymbol{P} \tag{6.40}$$

とおきました。

それでは，二つの例題を通して，SISO システムに対する最適レギュレータを設計していきましょう。

例題 6.2 （1 次系の最適制御（つづき）） 6.2 節で扱った 1 次系の最適制御の例題についてもう一度考えてみましょう。まず，式 (6.9) と式 (6.35) の評価関数を比較することにより，$q = 1$, $r = r$ が得られます。この例は 1 次系なので状態方程式の係数はすべてスカラーになります。当然，リッカチ方程式の解もスカラーなので，それを $p$ とおくと，式 (6.38) より，

$$ap + ap - \frac{1}{r} pbbp + 1 = 0$$

が得られます。この式を変形すると，$p$ についての 2 次方程式

$$b^2 p^2 - 2rap - r = 0 \tag{6.41}$$

が導かれます。これがいま考えている最適制御問題に対するリッカチ方程式です。2 次方程式の解の公式を使ってこれを解き，$p > 0$ に注意すると，リッカチ方程式の正の解

$$p = \frac{ar}{b^2} + \sqrt{\frac{a^2 r^2}{b^4} + \frac{r}{b^2}} \tag{6.42}$$

が得られます。このとき，式 (6.37) より，最適フィードバックゲインは

$$f = \frac{pb}{r} = \frac{b}{r}\left(\frac{ar}{b^2} + \sqrt{\frac{a^2r^2}{b^4} + \frac{r}{b^2}}\right)$$

$$= \frac{a}{b} + \sqrt{\frac{a^2}{b^2} + \frac{1}{r}} \tag{6.43}$$

となります。このようにして，式 (6.14) と同じ結果を得ることができました。◇

式 (6.43) より，入力についての重み $r$ を 0 に近づけていくと，フィードバックゲイン $f$ は単調増加し，過大な入力信号を利用することになります。利用できるアクチュエータの性能や安全性，そして，制御システムに含まれる遅れ要素の影響を考慮して，ユーザーが適切な $r$ を選定しなければいけません。

例題 6.3 （倒立振子の最適レギュレータ）　例題 3.2 で扱った倒立振子に最適制御を適用し，リッカチ方程式を解いて最適フィードバックゲインを計算してみましょう。なお，倒立振子のシステム行列は式 (3.30) を用います。すなわち，

$$\boldsymbol{A} = \left[\begin{array}{cc} 0 & 1 \\ 100 & 0 \end{array}\right], \qquad \boldsymbol{b} = \left[\begin{array}{c} 0 \\ -10 \end{array}\right], \qquad \boldsymbol{c}^T = \left[\begin{array}{cc} 1 & 0 \end{array}\right] \tag{6.44}$$

とします。例題 6.2 は 1 次系が制御対象でしたが，今回の制御対象は 2 次系です。

いま，評価関数の重みをつぎのように設定します。

$$\boldsymbol{Q} = \left[\begin{array}{cc} 100 & 0 \\ 0 & 100 \end{array}\right], \qquad r = 1 \tag{6.45}$$

以上の準備のもとで，リッカチ方程式の解を

$$\boldsymbol{P} = \left[\begin{array}{cc} p_{11} & p_{12} \\ p_{12} & p_{22} \end{array}\right] \tag{6.46}$$

とおいて，手計算でつぎのリッカチ方程式 (6.38) を解いてみましょう。

$$\left[\begin{array}{cc} 0 & 100 \\ 1 & 0 \end{array}\right]\left[\begin{array}{cc} p_{11} & p_{12} \\ p_{12} & p_{22} \end{array}\right] + \left[\begin{array}{cc} p_{11} & p_{12} \\ p_{12} & p_{22} \end{array}\right]\left[\begin{array}{cc} 0 & 1 \\ 100 & 0 \end{array}\right]$$

$$-\frac{1}{r}\left[\begin{array}{cc} p_{11} & p_{12} \\ p_{12} & p_{22} \end{array}\right]\left[\begin{array}{c} 0 \\ -10 \end{array}\right]\left[\begin{array}{cc} 0 & -10 \end{array}\right]\left[\begin{array}{cc} p_{11} & p_{12} \\ p_{12} & p_{22} \end{array}\right] + \left[\begin{array}{cc} 100 & 0 \\ 0 & 100 \end{array}\right]$$

$$= \begin{bmatrix} 0 & 0 \\ 0 & 0 \end{bmatrix}$$

この行列計算を行うと，要素ごとにつぎの三つの方程式が得られます。

$(1,1)$ 要素： $p_{12}^2 - 2p_{12} - 1 = 0$ （6.47）

$(1,2)$ 要素： $p_{11} + 100p_{22} - 100p_{12}p_{22} = 0$ （6.48）

$(2,2)$ 要素： $100p_{22}^2 - 2p_{12} - 100 = 0$ （6.49）

式 (6.47)〜(6.49) より，この例題のリッカチ方程式は連立 2 次方程式，すなわち，行列版 2 次方程式であることがわかります。

まず，式 (6.48) より，

$$p_{11} = 100p_{22}(p_{12} - 1) \tag{6.50}$$

が得られます。$\boldsymbol{P}$ が正定値行列であるためには，その対角要素 $p_{11}$ と $p_{22}$ が正でなければなりません。そのためには，式 (6.50) より，

$$p_{12} > 1 \tag{6.51}$$

を満たす必要があります。つぎに，2 次方程式 (6.47) を解くと，$p_{12} = 1 \pm \sqrt{2}$ が得られ，式 (6.51) の条件より，

$$p_{12} = 1 + \sqrt{2} \approx 2.4142$$

を選びます。これを式 (6.49) に代入すると，

$$p_{22} = \sqrt{1 + \frac{p_{12}}{50}} \approx 1.0239$$

が得られ，これを式 (6.50) に代入すると，

$$p_{11} \approx 144.80$$

が得られます。以上より，リッカチ方程式の正定値解は，

$$\boldsymbol{P} = \begin{bmatrix} 144.80 & 2.4142 \\ 2.4142 & 1.0239 \end{bmatrix} \tag{6.52}$$

となります。

　念のため，この行列の固有値を計算すると，$\lambda = 144.8,\ 0.9834$ となり，正の固有値が得られ，$\boldsymbol{P}$ が正定値行列であることが確かめられました。さらに，式 (6.52) を式 (6.37) に代入すると，最適フィードバックゲイン

$$\boldsymbol{f} = \frac{1}{r}\boldsymbol{P}\boldsymbol{b} = \left[ \begin{array}{cc} 144.80 & 2.4142 \\ 2.4142 & 1.0239 \end{array} \right] \left[ \begin{array}{c} 0 \\ -10 \end{array} \right] = \left[ \begin{array}{c} -24.142 \\ -10.239 \end{array} \right] \tag{6.53}$$

が得られます。　　　　　　　　　　　　　　　　　　　　　　　　　　　◇

　この例題の目的の一つは，手計算することによって，リッカチ方程式の仕組みを理解することでした。この例題のように $(2 \times 2)$ 行列の場合でも，リッカチ方程式の手計算は面倒であることを，1 回でも体感しておくことが大切です。これ以降は，MATLAB などの制御用ソフトウェアを使ってリッカチ方程式を解けばよいでしょう[7]。

　式 (6.53) で得られた最適フィードバックゲインを用いたときの，閉ループシステムの極を調べてみましょう。このとき，閉ループシステムのシステム行列 $\boldsymbol{A}_c$ は，つぎのように計算できます。

$$\boldsymbol{A}_c = \boldsymbol{A} - \boldsymbol{b}\boldsymbol{f}^T = \left[ \begin{array}{cc} 0 & 1 \\ 100 & 0 \end{array} \right] - \left[ \begin{array}{c} 0 \\ -10 \end{array} \right] \left[ \begin{array}{cc} -24.14 & -10.24 \end{array} \right]$$
$$= \left[ \begin{array}{cc} 0 & 1 \\ -141.4 & -102.4 \end{array} \right] \tag{6.54}$$

このシステム行列 $\boldsymbol{A}_c$ の固有値が閉ループシステムの極なので，固有方程式

$$s^2 + 102.4s + 141.4 = 0$$

を解くと

$$s = -101.0,\ -1.400 \tag{6.55}$$

が得られます。このように，この例で設計された最適レギュレータでは，閉ループシステムの極が負の実軸上に存在します。その一つは $s = -101.0$ と原点から遠い減衰の速い極で，もう一つは $s = -1.400$ と原点に近い遅い極，すなわ

---

[7] 自動制御を経験する前に手動制御を経験しておくことが大切だと著者は考えています。

ち**代表根**から構成されています[8]。古典制御の用語を使うと，設計されたフィードバックシステムは，過制動の 1 次遅れ系が 2 個直列接続された構成で，その代表極は $s = -1.400$ です。

### 6.3.5 最適レギュレータの周波数特性

現代制御の特徴の一つは，モデリング，アナリシス，デザインの一連の制御システム設計手順をすべて時間領域で行うことです。古典制御で重要な役割を果たしている周波数領域での議論がまったく登場しません。そのため，古典制御に精通しそれを利用している現場の技術者には古典制御と現代制御のギャップが大きく，現代制御の理解が難しいかもしれません。そこで，本項では最適レギュレータを用いてフィードバック制御したときの閉ループシステムの周波数特性を調べてみましょう。ただし，議論を容易にし，直観的な理解を得るために，本項でも制御対象を SISO システムに限定します。

SISO システムに対する最適レギュレータの時間領域におけるブロック線図を図 6.2 に示します。レギュレータ問題を考えているので，目標値は $r(t) = 0$ としました。図において，入力 $u$ から状態 $\boldsymbol{x}$ までの伝達関数を計算すると，

$$\boldsymbol{\Phi}(s) = (s\boldsymbol{I} - \boldsymbol{A})^{-1}\boldsymbol{b} \tag{6.56}$$

が得られます。この式で $s = j\omega$ とおくことにより，対応する周波数伝達関数

$$\boldsymbol{\Phi}(j\omega) = (j\omega\boldsymbol{I} - \boldsymbol{A})^{-1}\boldsymbol{b} \tag{6.57}$$

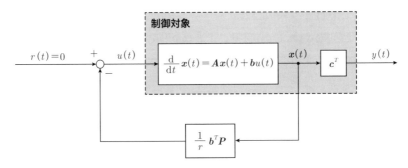

**図 6.2** 最適レギュレータのフィードバックシステム（時間領域）

---

[8] 代表根法については，前著の図 5.38（p.155）などを参照してください。

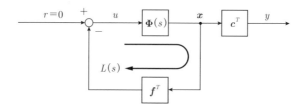

**図 6.3**　最適レギュレータのフィードバックシステムと一巡伝達関数 $L(s)$（ラプラス領域）

が得られます。ここで，$j$ は $j = \sqrt{-1}$ で定義される虚数単位です。また，フィードバックゲインは

$$\boldsymbol{f} = \frac{1}{r}\boldsymbol{P}\boldsymbol{b} \tag{6.58}$$

です。これらの関係式を用いて，ラプラス領域においてブロック線図を書き直したものを図 6.3 に示します。図より，このフィードバック制御系の**一巡伝達関数**（loop transfer function）は，

$$L(s) = \boldsymbol{f}^T \boldsymbol{\Phi}(s) \tag{6.59}$$

となります。この式で $s = j\omega$ とおくと周波数領域における一巡伝達関数は，

$$L(j\omega) = \boldsymbol{f}^T \boldsymbol{\Phi}(j\omega) \tag{6.60}$$

と記述できます。ようやく現代制御と古典制御の接点が見えてきました。

　以下では，SISO システムに対するリッカチ方程式 (6.38) を変形していきます。面倒な式変形が続きますが，ぜひ手計算をして確認してください。

　まず，このリッカチ方程式の符号を逆転させ，$j\omega\boldsymbol{P} - j\omega\boldsymbol{P} = \boldsymbol{0}$ を加えます[9]。

$$\left(-j\omega\boldsymbol{I} - \boldsymbol{A}^T\right)\boldsymbol{P} + \boldsymbol{P}\left(j\omega\boldsymbol{I} - \boldsymbol{A}\right) + \frac{1}{r}\boldsymbol{P}\boldsymbol{b}\boldsymbol{b}^T\boldsymbol{P} - \boldsymbol{Q} = \boldsymbol{0}$$

つぎに，この式の左から $\boldsymbol{b}^T \left(-j\omega\boldsymbol{I} - \boldsymbol{A}^T\right)^{-1}$ を乗じ，右から $(j\omega\boldsymbol{I} - \boldsymbol{A})^{-1}\boldsymbol{b}$ を乗じると，

---

[9]　このように，同じものを足して引いたもの（全体では 0）を数式に追加するテクニックは，現代制御や数学の式変形でときどき登場します。

$$b^T P \left( j\omega I - A \right)^{-1} b + b^T \left( -j\omega I - A^T \right)^{-1} P b$$
$$+ b^T \left( -j\omega I - A^T \right)^{-1} \frac{1}{r} P b b^T P \left( j\omega I - A \right)^{-1} b$$
$$- b^T \left( -j\omega I - A^T \right)^{-1} Q \left( j\omega I - A \right)^{-1} b = 0 \tag{6.61}$$

となります。式 (6.57), (6.58) を利用すると，式 (6.61) は，

$$r f^T \Phi(j\omega) + r \Phi^T(-j\omega) f + r \Phi^T(-j\omega) f f^T \Phi(j\omega)$$
$$- \Phi^T(-j\omega) Q \Phi(j\omega) = 0 \tag{6.62}$$

と記述できます。頑張って式 (6.62) を因数分解すると，次式が得られます。

$$r \left\{ 1 + \Phi^T(-j\omega) f \right\} \left\{ 1 + f^T \Phi(j\omega) \right\} = r + \Phi^T(-j\omega) Q \Phi(j\omega) \tag{6.63}$$

ちょっと難しい計算が続きました。ここで基本的な複素数の復習をしましょう。複素数 $z = \sigma + j\omega$ の共役複素数を $\bar{z} = \sigma - j\omega$ とすると，

$$z\bar{z} = |z|^2$$

のように，複素数の大きさを計算することができました[10]。このことを思い出して式 (6.63) を見ると，左辺の $\left\{ 1 + \Phi^T(-j\omega) f \right\}$ と $\left\{ 1 + f^T \Phi(j\omega) \right\}$ は複素共役の関係なので，式 (6.63) はつぎのように書き直すことができます。

$$r \left| 1 + f^T \Phi(j\omega) \right|^2 = r + \Phi^T(-j\omega) Q \Phi(j\omega) \tag{6.64}$$

いま，$Q$ は半正定値なので，この式の右辺第 2 項は非負の値をとります。また，$r > 0$ です。したがって，式 (6.64) は不等式

$$r \left| 1 + f^T \Phi(j\omega) \right|^2 \geq r \tag{6.65}$$

に変換されます。さらに，式 (6.60) を利用すると，

$$|1 + L(j\omega)| \geq 1 \tag{6.66}$$

が得られます。この不等式は**還送差条件**と呼ばれます。ついに，古典制御で中心的な役割を果たしてきた**一巡伝達関数**の周波数伝達関数 $L(j\omega)$ が，現代制御においても明示的に登場しました。

---

[10] 前著の p.32 の式 (3.23) を参照してください。

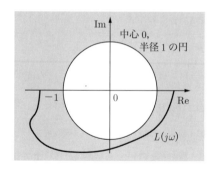

(a) $|L(j\omega)| \geq 1$

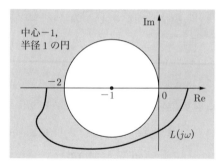

(b) $|1 + L(j\omega)| \geq 1$

**図 6.4**　複素平面上の円領域

　式 (6.66) を複素平面上で図的に解釈するための準備をしましょう。つぎの不等式を考えます。

$$|L(j\omega)| \geq 1, \quad 0 \leq \omega < \infty \tag{6.67}$$

これは，角周波数 $\omega$ が 0 から $\infty$ に増加していくときの一巡伝達関数 $L(j\omega)$ の大きさに関する不等式です。$L(j\omega)$ の大きさが 1 以上というこの式は，複素平面において原点からの $L(j\omega)$ までの距離が 1 以上を意味します。すなわち，この不等式は，原点を中心とした半径 1 の円の外側に $L(j\omega)$ が存在する条件であり，この様子を図 6.4(a) に示します。このことが理解できれば，式 (6.66) は，中心が $-1 + j0$ で半径が 1 の円の外側に $L(j\omega)$ が存在していることを意味していることがわかります。この様子を図 6.4(b) に示します。これで不等式 (6.66) の理解についての準備が完了です。

　もう一度，式 (6.66) を見ると，絶対値記号の中は，古典制御のときに登場した特性方程式

$$1 + L(j\omega) = 0 \tag{6.68}$$

にも関係しそうです。古典制御でフィードバック制御システムの安定性の判別を図的に行う方法の一つに，**ナイキストの安定判別法**があります[11]。この方法は，

---

[11] 以下の議論を理解するためには，古典制御のナイキストの安定法についての知識が必要です。たとえば，前著の「5.3.2 ナイキストの安定判別法」を参照してください。

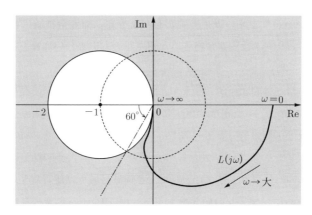

**図 6.5** 最適レギュレータの一巡伝達関数のナイキスト線図

フィードバックシステムの開ループ特性である，一巡伝達関数 $L(j\omega)$ のナイキスト線図（ベクトル軌跡）を描き，その図から安定性を判別する方法です。

以下では，議論を簡単にするために，開ループシステムは安定であると仮定します。図 6.5 に $L(j\omega)$ のナイキスト線図の一例を示します。図では，$\omega = 0$ のとき実軸上に存在した $L$ が，角周波数 $\omega$ が増加するにしたがって，最終的に原点に向かっている様子が描かれています。ナイキストの安定判別法より，この軌跡が点 $(-1 + j0)$ を左に見れば，フィードバックシステムは安定であるので，この例では安定な場合を図示していることがわかります。

さて，式 (6.66) の還送差条件を，ナイキスト線図を描いた複素平面上で理解しましょう。先ほど説明したように，この不等式は中心 $(-1 + j0)$，半径 1 の円の外側に $L(j\omega)$ が存在することを意味しており，円条件と呼ばれることもあります。この円条件を図 6.5 では，円の外側に影をつけて表現しました。この影をつけた部分しか $L(j\omega)$ は存在できないので，必ず点 $(-1, j0)$ を左に見ることがわかります。そのため，最適レギュレータを適切に適用すれば，フィードバックシステムは必ず安定になります。

さらに，図 6.5 と古典制御の知識を活用すると，

- $L(j\omega)$ は負の実軸と交差しないので**ゲイン余裕**は $G_M = \infty$
- 図より**位相余裕**は $P_M = 60°$

ということがわかります。以上で説明したように，周波数領域における解析より，最適レギュレータは**安定余裕**という観点からも望ましい性質を持っていることがわかりました。

しかし，一つだけ問題点があります。図 6.5 より，$\omega \to \infty$ の高周波帯域では一巡伝達関数 $L(j\omega)$ の位相は $-90°$ に漸近します。これは高周波帯域における一巡伝達関数は 1 個の積分器に対応することを意味します。そのため，高周波帯域におけるゲインの傾きは $-20$ dB/dec になります。古典制御では，一巡伝達関数の望ましい形状（シェイプ）として，高周波帯域では雑音などの影響を受けにくくするために，ゲインの傾きを $-40 \sim -60$ dB/dec にすべきであるとされています[12]。そして，実問題では必ずそのようにすべきです。しかし，本章で定式化した最適制御問題では，雑音の存在を仮定していないため，雑音に対する対応策が制御則には入っていないのです。この対応をするためには，本書の範囲を超えてしまいますが，LQG（Linear Quadratic Gaussian）制御や周波数重み付き評価関数の利用や，ロバスト制御の利用が必要になります。

## 6.4　最適サーボシステム

本節では，SISO 線形システムを対象として，制御出力 $y(t)$ を目標値信号 $r(t)$ に追従させることを目的とする**サーボ問題**について考えます。特に，目標値信号が単位ステップ信号

$$u_s(t) = \begin{cases} 0, & t < 0 \\ 1, & t \geq 0 \end{cases} \tag{6.69}$$

のとき，**定常偏差**が 0 になるようなサーボシステムの構成を与えます。古典制御では，この定常偏差を定常位置偏差と呼び，定常位置偏差が 0 となるシステムを **1 型サーボシステム**といいました。そして，1 型サーボシステムとは，その一巡伝達関数 $L(s)$ が積分器 $1/s$ を 1 個含むシステムであると定義しました。単位ステップ信号のラプラス変換は $1/s$ であることを思い出すと，目標値信号の極 $s = 0$ と一巡伝達関数の一つの極 $s = 0$ が一致していることが定常偏差 0 を

---

[12] 前著の図 6.1 (p.179) を参照してください。

達成するためには重要でした。この事実を一般化したものが，つぎの Point 6.4 の内部モデル原理です。

---

**Point 6.4** 内部モデル原理

一巡伝達関数 $L(s)$ の極の一部に，目標値あるいは外乱の極と同じものが含まれ，かつ，フィードバックシステムが漸近安定となるとき，定常偏差は 0 になります。

---

フィードバック制御システム設計の奥義（おうぎ）の一つに**ハイゲインフィードバック**がありました[13]。$s = j\omega$ とおいて内部モデル原理を周波数領域で考えると，目標値信号が持つ角周波数（これは信号の極に対応します）$\omega = \omega_0$ において，一巡伝達関数 $L(j\omega_0)$ の値が無限大になる，すなわち究極のハイゲインになることを，内部モデル原理は主張しています。たとえば，単位ステップ信号のような一定値信号の場合，直流成分しかもたないので $\omega_0 = 0$ となり，その角周波数で $L(j0)$ が無限大のゲインを持つことが 1 型サーボシステムの条件になります。あるいは，正弦波目標値 $r(t) = \sin \omega_0 t$ の場合には，$\omega = \omega_0$ のときに $L(j\omega_0) \to \infty$ であれば，定常偏差は 0 になります。

このようにサーボシステムの概念は，古典制御の一巡伝達関数を利用すると理解しやすいものでした。本節では，状態空間モデルを用いた現代制御の枠組みで，サーボシステムを導出しましょう。以下ではオブザーバの導入は省略して，すべての状態 $\boldsymbol{x}(t)$ が利用できると仮定して議論を進めます。

これまでと同じように SISO システムを制御対象として，このシステムは次式のように状態空間表現されるとします。

$$\frac{\mathrm{d}}{\mathrm{d}t}\boldsymbol{x}(t) = \boldsymbol{A}\boldsymbol{x}(t) + \boldsymbol{b}u(t) \tag{6.70}$$

$$y(t) = \boldsymbol{c}^T \boldsymbol{x}(t) \tag{6.71}$$

この線形システムに対して，目標値を単位ステップ信号 $u_s(t)$ としたとき，時刻が $t \to \infty$ のときの定常位置偏差が 0 になるようなフィードバック制御系を構成する問題を考えます。

---

[13] 前著の Point 5.18（p.166）を参照してください。

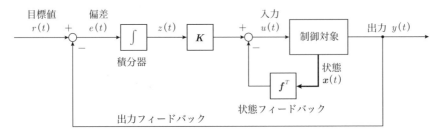

**図 6.6** サーボシステムのブロック線図

この制御目的を達成するためには，前述したように一巡伝達関数に積分器が必要になります。そこで，図 6.6 に示すようなフィードバック制御系を構成します。図より，内側のマイナーループに状態フィードバックがあり，外側のメジャーループに出力フィードバックが存在します。制御対象を 2 次系とした場合には，このブロック線図は古典制御の I-PD 制御に対応します。

古典制御のときと同様に，偏差 $e(t)$ を

$$e(t) = r(t) - y(t) \tag{6.72}$$

とします。そして，この偏差を積分したものを

$$z(t) = \int_0^t e(\tau)\mathrm{d}\tau \tag{6.73}$$

とします。この信号 $z(t)$ を新しい状態にとることがポイントです。$z(t)$ の時間微分を計算すると，

$$\frac{\mathrm{d}}{\mathrm{d}t}z(t) = e(t) = r(t) - y(t) = r(t) - \boldsymbol{c}^T\boldsymbol{x}(t) \tag{6.74}$$

となります。さらに，図 6.6 より，制御入力 $u(t)$ は

$$u(t) = -\boldsymbol{f}^T\boldsymbol{x}(t) + Kz(t) \tag{6.75}$$

と記述します。

以上の準備のもとで，新たな状態変数として，制御対象の状態 $\boldsymbol{x}(t)$ に，偏差の積分値 $z(t)$ を加えた

$$\bar{\boldsymbol{x}}(t) = \begin{bmatrix} \boldsymbol{x}(t) \\ z(t) \end{bmatrix} \tag{6.76}$$

を定義します。ここで，$\bar{\boldsymbol{x}}(t)$ は $((n+1)\times 1)$ 列ベクトルです。このように定義された状態は**拡大状態**と呼ばれます。式 (6.70), (6.74) を用いると，この拡大状態に対する状態空間表現はつぎのようになります。

$$\frac{\mathrm{d}}{\mathrm{d}t}\begin{bmatrix} \boldsymbol{x}(t) \\ z(t) \end{bmatrix} = \begin{bmatrix} \boldsymbol{A} & \boldsymbol{0} \\ -\boldsymbol{c}^T & 0 \end{bmatrix}\begin{bmatrix} \boldsymbol{x}(t) \\ z(t) \end{bmatrix} + \begin{bmatrix} \boldsymbol{b} \\ 0 \end{bmatrix}u(t) + \begin{bmatrix} \boldsymbol{0} \\ 1 \end{bmatrix}r(t) \tag{6.77}$$

$$u(t) = -\begin{bmatrix} \boldsymbol{f}^T & -K \end{bmatrix}\begin{bmatrix} \boldsymbol{x}(t) \\ z(t) \end{bmatrix} \tag{6.78}$$

となります。この式を次式のように一般的に記述しましょう。

$$\frac{\mathrm{d}}{\mathrm{d}t}\bar{\boldsymbol{x}}(t) = \bar{\boldsymbol{A}}\bar{\boldsymbol{x}}(t) + \bar{\boldsymbol{b}}u(t) + \bar{\boldsymbol{h}}r(t) \tag{6.79}$$

$$u(t) = -\bar{\boldsymbol{f}}^T\bar{\boldsymbol{x}}(t) \tag{6.80}$$

このようにして得られた式 (6.77)，あるいは式 (6.79) をもとのシステムに対する**拡大システム**と呼びます。ここで，$\bar{\boldsymbol{A}}$, $\bar{\boldsymbol{b}}$, $\bar{\boldsymbol{h}}$ の定義と大きさは，以下の通りです。

$$\bar{\boldsymbol{A}} = \begin{bmatrix} \overbrace{\boldsymbol{A}}^{n} & \overbrace{\boldsymbol{0}}^{1} \\ \hline -\boldsymbol{c}^T & \boldsymbol{0} \end{bmatrix}\begin{matrix} \}n \\ \}1 \end{matrix} \qquad \bar{\boldsymbol{b}} = \begin{bmatrix} \overbrace{\boldsymbol{b}}^{1} \\ \hline \boldsymbol{0} \end{bmatrix}\begin{matrix} \}n \\ \}1 \end{matrix} \qquad \bar{\boldsymbol{h}} = \begin{bmatrix} \overbrace{\boldsymbol{0}}^{1} \\ \hline 1 \end{bmatrix}\begin{matrix} \}n \\ \}1 \end{matrix}$$

$$\underset{(n+1)\times(n+1)}{\uparrow} \qquad\qquad \underset{(n+1)\times 1}{\uparrow} \qquad\qquad \underset{(n+1)\times 1}{\uparrow}$$

拡大システムでは $\bar{\boldsymbol{A}}$ 行列が $(2\times 2)$ のブロック行列に，$\bar{\boldsymbol{b}}$ ベクトルが二つのブロックベクトル分割されています。このように，状態変数を増やして拡大システムを構成するテクニックは有用なので，記憶しておくとよいでしょう[14]。

式 (6.79) に式 (6.80) を代入して，閉ループシステムを計算すると，

$$\frac{\mathrm{d}}{\mathrm{d}t}\bar{\boldsymbol{x}}(t) = \left(\bar{\boldsymbol{A}} - \bar{\boldsymbol{b}}\bar{\boldsymbol{f}}^T\right)\bar{\boldsymbol{x}}(t) + \bar{\boldsymbol{h}}r(t) \tag{6.81}$$

が得られます。初期値を $\boldsymbol{0}$ として，この式をラプラス変換して，$r$ から $\bar{\boldsymbol{x}}$ までの伝達関数を計算します。そして，つぎの特性方程式を解くことによって閉ルー

---

[14] たとえば，カルマンフィルタを用いて状態推定を行う場合，状態と未知パラメータを同時に推定する同時推定においても，拡大システムを構成して，問題を解きます。

プ極を求めることができます。

$$\det\left(s\boldsymbol{I} - \bar{\boldsymbol{A}} + \bar{\boldsymbol{b}}\bar{\boldsymbol{f}}^T\right) = 0 \tag{6.82}$$

問題は，いま対象としている拡大システムが可制御であるかどうかです。導出は
省略しますが，この拡大システムは，条件

$$\mathrm{rank}\begin{bmatrix} \boldsymbol{A} & \boldsymbol{b} \\ -\boldsymbol{c}^T & 0 \end{bmatrix} = n+1 \tag{6.83}$$

が成り立つとき可制御になり，そのときその極を任意の場所に配置できることが
知られています。この条件が満たされるとき，たとえば，第3章で述べた極配置
法によって，望みの位置に閉ループ極を配置することができます。

　簡単な例題を通して，極配置法を見ていきましょう。

例題 6.4 （サーボシステムの例題）　伝達関数が

$$G(s) = \frac{1}{s+3} \tag{6.84}$$

で与えられる1次系を状態空間表現に変換し，サーボシステムを構成しましょう。
　式 (6.84) を状態空間表現すると，次式のようになります。

$$\frac{\mathrm{d}}{\mathrm{d}t}x(t) = -3x(t) + u(t) \tag{6.85}$$

$$y(t) = x(t) \tag{6.86}$$

これは，式 (6.70)，(6.71) において，$A = -3$，$b = c = 1$ とおいたものに対応
します。

　この制御対象に対して，式 (6.77)，(6.78) の拡大システムを構成すると，

$$\frac{\mathrm{d}}{\mathrm{d}t}\begin{bmatrix} x(t) \\ z(t) \end{bmatrix} = \begin{bmatrix} -3 & 0 \\ -1 & 0 \end{bmatrix}\begin{bmatrix} x(t) \\ z(t) \end{bmatrix} + \begin{bmatrix} 1 \\ 0 \end{bmatrix}u(t) + \begin{bmatrix} 0 \\ 1 \end{bmatrix}r(t) \tag{6.87}$$

$$u(t) = -\begin{bmatrix} f & -K \end{bmatrix}\begin{bmatrix} x(t) \\ z(t) \end{bmatrix} \tag{6.88}$$

が得られます。

　この拡大システムに対する特性方程式 (6.82) は，

$$\det \begin{bmatrix} s+3+f & -K \\ 1 & s \end{bmatrix} = 0$$

となるので，これを計算すると，

$$s^2 + (3+f)s + K = 0 \tag{6.89}$$

が得られます。

この例題に対して，式 (6.83) を計算すると，

$$\text{rank} \begin{bmatrix} -3 & 1 \\ -1 & 0 \end{bmatrix} = 2 = n+1 \tag{6.90}$$

となります。いま $n = 1$ なので，可制御であることが確かめられました。

たとえば，拡大システムの閉ループ極が $s = -5$ に重根を持つという設計仕様を与えると，

$$(s+5)^2 = s^2 + 10s + 25 = 0 \tag{6.91}$$

となります。式 (6.89) と式 (6.91) の係数を比較することにより，

$$f = 7, \quad K = 25 \tag{6.92}$$

が得られます。これらがフィードバックゲインと積分器の定数です。　　　◇

この例題では極配置法を用いてフィードバックゲイン $f$ と積分器の定数 $K$ を決定しました。本章で説明した最適制御を適用することもでき，そのときは**最適サーボシステム**と呼ばれます。

最適サーボシステムを設計するために，式 (6.79) の拡大システムに対して，評価関数

$$J = \int_0^\infty \left[ \bar{\boldsymbol{x}}^T(t)\bar{\boldsymbol{Q}}\bar{\boldsymbol{x}}(t) + \bar{r}u^2(t) \right] \mathrm{d}t \tag{6.93}$$

を定義します。これまでの議論から，この評価関数を最小にするフィードバック制御則は，状態フィードバック

$$\begin{aligned} u(t) &= -\bar{\boldsymbol{f}}^T \bar{\boldsymbol{x}}(t) \\ &= -\boldsymbol{f}^T \boldsymbol{x}(t) + Kz(t) \end{aligned} \tag{6.94}$$

の形式で与えられます。ここで，

$$\bar{f} = \left[ \begin{array}{cc} f^T & -K \end{array} \right]^T \tag{6.95}$$

とおきました。

---

リッカチ方程式とリアプノフ方程式は，制御理論の世界でしばしば登場する重要な方程式です。ここでは，生きた時代も国も違うこの2人を紹介しましょう。

ヤコポ・リッカチ（Jacopo F. Riccati, 1676–1754）はイタリアの数学者です。ベニスに生まれ，パドバ大学に進学しました。リッカチの微分方程式の考案者として有名です。

アレクサンドル・リアプノフ（Aleksandr M. Lyapunov, 1857–1918）は，ロシアの数学者，物理学者です。彼はサンクトペテルスブルグ大学でチェビシェフ（P.L. Chebyshev）のもとで学びました。リアプノフが1880年に大学の課程を修了した2年前に，確率過程論の研究で有名なアンドレイ・マルコフ（A. Markov）もサンクトペテルブルク大学を卒業しています。リアプノフとマルコフは科学分野で生涯を通じて交流を続けたそうです。その後，1892年にリアプノフの博士論文がモスクワ大学で受理されました。その題目は「運動の安定性の一般的な問題（The general problem of the stability of motion)」であり，この論文で彼は非線形システムにまで適用できる文字どおり一般的な安定論を議論しました。ロシア語で書かれたこの論文はフランス語に翻訳されましたが，英語には翻訳されなかったため，第2次世界大戦後まで英語圏には知られなかったそうです。リアプノフが構築した安定論は，今日ではリアプノフの安定論として非線形制御理論において中心的な役割を果たしています。

(Wikipedia/Public domain)　　(Wikipedia/Public domain)

リッカチ（左）とリアプノフ（右）

## コラム 6.2　ポントリャーギンとベルマン

　推力の大きさに制限がある人工衛星が，目的地に到達する時刻を最短にするような最短時間問題は，最適制御が必要となる一例です。このような問題に対して，米国では 1953 年にベルマンによって**動的計画法**（dynamic programming: DP）が提案され，ソ連では 1956 年にポントリャーギンによって**最大原理**（maximum principle）が提案されました[1]。両者は**変分法**に帰着し，等価であることが後に証明されました。そこで，最適制御を語るうえで忘れてはいけないこの 2 人を紹介しましょう。

　レフ・ポントリャーギン（Lev Pontryagin, 1908–1988）はソ連の数学者で，専門分野は微分幾何学でした。14 歳のときに事故で失明しましたが，母親の献身的な努力もあり，1929 年にモスクワ大学を卒業，1935 年に物理・数学博士を取得。1938 年には位相群論，連続群論を発表しました。

　リチャード・ベルマン（Richard E. Bellman, 1920 – 1984）はニューヨークで生まれ，1946 年にプリンストン大学で博士号を取得しました。その後，南カリフォルニア大学で教授を務めました。1976 年にフォン・ノイマン理論賞を受賞しました。ベルマン方程式，ハミルトン-ヤコビ-ベルマン方程式（HJB 方程式）などに，彼の名が残っています。さらに，システム同定や機械学習で登場する**次元の呪い**（curse of dimensionality）という言葉はベルマンがつくったそうです。

ポントリャーギン[2]（左）とベルマン[3]（右）

1) ポントリャーギン著，坂本實訳『最適制御理論における最大値原理』森北出版，2000
2) 不明，CC BY 4.0 / Wikimedia Commons
3) Fair use / Wikipedia

# $z$ 変換と離散時間フーリエ変換

　第 6 章までは，すべて連続時間における信号とシステムを対象としてきました。たとえばニュートンの第二法則に従って運動する質点のように，自然界に存在する物理現象やシステムは連続時間で動作しています。初学者にとっては，連続時間での現象を微分方程式で記述することは少しハードルが高いかもしれません。しかし，連続時間で考えることは**物理システム**との親和性が高いので，制御エンジニアにとって直観的に理解しやすい世界です。

　実際の物理システムに対して制御システムを構成する場合，われわれは対象の入出力データをサンプリングして離散時間信号として扱い，ディジタル計算機を用いて処理することになります。このように制御システムの実装化を視野に入れると，離散時間での信号とシステムについての理解を深めておく必要があります。そこで，本章以降では離散時間における信号とシステムを取り扱います。まず本章では，離散時間を扱うために必要な基本的な数学である $z$ 変換と離散時間フーリエ変換について学びます。

## 7.1　$z$ 変換

　連続時間信号 $x(t)$（$t$ は実数）のときには，古典制御で学んだように，それを**ラプラス変換**，あるいは**フーリエ変換**することによって，ラプラス領域や周波

数領域でさまざまな処理や解析，設計を行うことができました。それに対して，本節では離散時間信号 $x(k)$（$k$ は整数）を処理する有用なツールである $z$ 変換について解説します。全体像をつかむために，さまざまな変換の関係をつぎのポイントでまとめておきます。

---

**Point 7.1** 変換の関係

連続時間のラプラス変換に対応するものが，離散時間の $z$ 変換であり，連続時間のフーリエ変換に対応するものが離散時間フーリエ変換です。

---

## 7.1.1　$z$ 変換の定義

離散時間信号 $x(k)$ は高校で学んだ**数列**に対応するので，高校数学を思い出してください。また，制御対象を連続時間で記述するときに用いられる微分方程式は，離散時間のときには**差分方程式**に対応します。制御工学は，物理現象のモデリング，アナリシス，デザインから構成される連続時間での取り扱いが中心的課題です。そのため，現場の制御エンジニアや理論研究に重点をおく制御研究者にとっては，離散時間での取り扱いは少し不慣れかもしれません。しかし，そんなに難しくはなく，高校数学の知識で理解することができます。

まず，$z$ 変換の定義をつぎのポイントで与えましょう。

---

**Point 7.2** $z$ 変換

離散時間信号 $x(k)$ の **$z$ 変換**（$z$ transform）を $X(z)$ とすると，これは

$$X(z) = \mathcal{Z}[x(k)] = \sum_{k=0}^{\infty} x(k)z^{-k} \tag{7.1}$$

で定義されます。ここで，$z$ は複素変数です。また，$x(k)$ は時刻 $k < 0$ では $0$ をとる**因果信号**であると仮定します。このとき，$x(k)$ と $X(z)$ は **$z$ 変換対**と呼ばれます。

---

連続時間信号に対するラプラス変換と同じように，$z$ 変換も，実数値をとる離散時間信号を $z$ の複素関数 $X(z)$ に変換します。

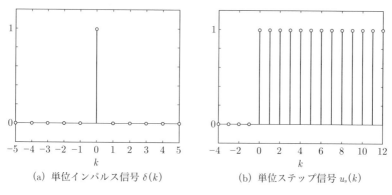

(a) 単位インパルス信号 $\delta(k)$      (b) 単位ステップ信号 $u_s(k)$

**図 7.1** 単位インパルス信号と単位ステップ信号

以下では基本的な離散時間信号を与え，式 (7.1) を用いてそれらの $z$ 変換を計算しましょう。

### [1] 単位インパルス信号

離散時間単位インパルス信号 $\delta(k)$ を次式で定義します。

$$\delta(k) = \begin{cases} 1, & k = 0 \text{ のとき} \\ 0, & k \neq 0 \text{ のとき} \end{cases} \tag{7.2}$$

この信号を図 7.1(a) に示します。連続時間の場合には，単位インパルス信号を定義するためにディラックのデルタ関数 $\delta(t)$ という難しい超関数[1]を用いる必要がありました。それに対して，離散時間の場合には式 (7.2) のように，単位インパルス信号を自然に定義できます。

式 (7.2) を式 (7.1) に代入して $z$ 変換を計算すると，

$$\mathcal{Z}[\delta(k)] = \sum_{k=0}^{\infty} \delta(k) z^{-k} = \delta(0) = 1 \tag{7.3}$$

が得られます。このように，連続時間のラプラス変換の場合と同様に，単位インパルス信号の $z$ 変換は 1 になります。

---

[1] おおざっぱな言い方ですが，超関数とは関数の概念を一般化したものです。もともとは物理で導入されたディラックのデルタ関数を，数学的に正当化するために考え出されたそうです。

[2] 単位ステップ信号

離散時間単位ステップ信号 $u_s(k)$ を次式で定義します。

$$u_s(k) = \begin{cases} 1, & k \geq 0 \text{ のとき} \\ 0, & k < 0 \text{ のとき} \end{cases} \tag{7.4}$$

この信号を図 7.1(b) に示します。

式 (7.1) を用いて単位ステップ信号を $z$ 変換すると，

$$U_s(z) = \mathcal{Z}[u_s(k)] = \sum_{k=0}^{\infty} z^{-k} = 1 + z^{-1} + z^{-2} + \cdots \tag{7.5}$$

が得られます。$z$ 変換の定義から明らかなように，離散時間信号を $z$ 変換すると，通常，無限級数の和の形になります。式 (7.5) をじっくり眺めると，これは初項 1，公比 $z^{-1}$ の**無限等比数列の和**であることがわかります。ここで，等比数列の和の公式をつぎのポイントで復習しましょう。

**Point 7.3** 等比数列の和の公式

初項 $a$，公比 $r$ の等比数列 $a, ar, ar^2, \cdots$ の有限和と無限和はそれぞれつぎのように与えられます。

- 有限和の公式

$$S_n = a + ar + ar^2 + \cdots + ar^{n-1} = \sum_{i=0}^{n-1} ar^i = \frac{a(1 - r^n)}{1 - r} \tag{7.6}$$

- 無限和の公式（$|r| < 1$ のとき）

$$S = a + ar + ar^2 + \cdots = \sum_{i=0}^{\infty} ar^i = \frac{a}{1 - r} \tag{7.7}$$

等比数列の和の公式は，離散時間信号の計算，特に，Finite Impulse Response (FIR) フィルタや Infinite Impulse Response (IIR) フィルタといった**ディジタルフィルタ**において重要になるので，ぜひ覚えておきましょう。

式 (7.7) を用いると，式 (7.5) は，

$$U_s(z) = \frac{1}{1 - z^{-1}} = \frac{z}{z - 1} \tag{7.8}$$

となります。これが単位ステップ信号の $z$ 変換です。

　ラプラス変換のときと同じように，離散時間信号を $z$ 変換すると，通常，複素数 $z$ の**有理関数**[2]の形になります。このように，**$z$ 変換は無限等比数列の和を有理関数に変換するもの**とみなすこともできます。無限級数の和に基づく $z$ 変換は，信号が無限回フィードバックされる回路が有理伝達関数で表されることに，似ていますね[3]。

　式 (7.8) では $z$ 変換を 2 通りで表現しました。すなわち，$z^{-1}$ による有理関数と $z$ による有理関数です。本書では，負の時刻では 0 の値をとる因果信号を対象としているため，$X(z)$ は $z^{-1}$ のべき乗しか含みません。そのため，$z^{-1}$ を使った表現の方がよく使われます。一方，極や零点を計算する場合には，つぎに示すように $z$ による表現の方が便利です。

　式 (7.8) の $X(z)$ は複素数 $z$ の複素関数なので，分母多項式が 0 になる $z$ を**極**といい，分子多項式が 0 になる $z$ を**零点**といいます。式 (7.8) の場合，極は $z = 1$，零点は $z = 0$ です。連続時間信号のラプラス変換のときは **$s$ 平面**という複素平面上に極や零点をプロットしました。離散時間信号の $z$ 変換のときは，図 7.2 に示すように **$z$ 平面**という複素平面上に極や零点をプロットして線形離

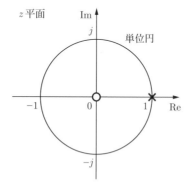

**図 7.2**　$z$ 平面上における単位ステップ信号の極（×印）と零点（○印）

---

[2]　二つの多項式をそれぞれ分子と分母に持つ分数として表される関数のことです。
[3]　前著の「フィードバック接続」(p.32) を参照してください。

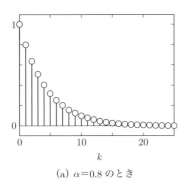
(a) α＝0.8 のとき

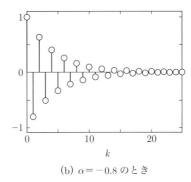
(b) α＝−0.8 のとき

**図 7.3**　減衰指数信号

散時間信号やシステムの性質を調べます。

[3] 指数信号

つぎの離散時間指数信号

$$x(k) = \alpha^k u_s(k) \tag{7.9}$$

を考えましょう。$0 < \alpha < 1$ のとき $x(k)$ は**減衰指数信号**と呼ばれ，その一例として $\alpha = 0.8$ のときの波形を図 7.3(a) に示しました。また，$-1 < \alpha < 0$ のとき $x(k)$ は図 7.3(b) に示すように，振動しながら減衰していきます。図では $\alpha = -0.8$ のときを示しました。

式 (7.9) を式 (7.1) に代入すると，

$$X(z) = \sum_{k=0}^{\infty} \alpha^k z^{-k} = \sum_{k=0}^{\infty} (\alpha z^{-1})^k = 1 + \alpha z^{-1} + \alpha^2 z^{-2} + \cdots \tag{7.10}$$

となります。これは初項が 1，公比が $\alpha z^{-1}$ の無限等比数列の和なので，公式 (7.7) を使うと，

$$X(z) = \frac{1}{1 - \alpha z^{-1}} = \frac{z}{z - \alpha} \tag{7.11}$$

が得られます。これが指数信号の $z$ 変換です。式 (7.11) の分母多項式の最高次数が 1 なので，指数信号は $z$ 領域では，1 次系になります。

この場合，極は $z = \alpha$，零点は $z = 0$ で，図 7.4 に極と零点の配置をプロットします。連続時間の場合，信号が振動的な挙動を示すためには 2 次系である必要

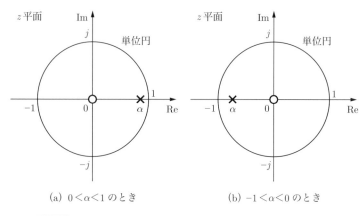

(a) $0 < \alpha < 1$ のとき    (b) $-1 < \alpha < 0$ のとき

**図 7.4** *z* 平面上における指数信号の極（×印）と零点（○印）

がありました。しかし，離散時間では図 7.3(b) に示したように，1 次系でも振動的になることは興味深いことです。このように，連続時間では存在しなかった離散時間特有の現象があります。

[4] 正弦波信号

図 7.5 に示す離散時間**正弦波信号**

$$x(k) = \sin \omega_0 k \cdot u_s(k) \tag{7.12}$$

の *z* 変換を計算するために，複素関数論の公式

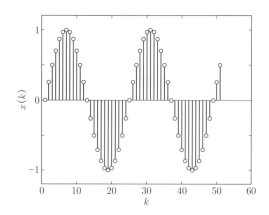

**図 7.5** 正弦波信号の一例

$$\cos\omega_0 k = \frac{1}{2}\left(e^{j\omega_0 k} + e^{-j\omega_0 k}\right) \tag{7.13}$$

$$\sin\omega_0 k = \frac{1}{2j}\left(e^{j\omega_0 k} - e^{-j\omega_0 k}\right) \tag{7.14}$$

を利用します。

すると，正弦波の $z$ 変換はつぎのように計算できます。

$$
\begin{aligned}
X(z) &= \sum_{k=0}^{\infty}\sin\omega_0 k \cdot z^{-k} = \sum_{k=0}^{\infty}\frac{1}{2j}\left(e^{j\omega_0 k} - e^{-j\omega_0 k}\right)z^{-k} \\
&= \frac{1}{2j}\left(\sum_{k=0}^{\infty}\left(e^{j\omega_0}z^{-1}\right)^k - \sum_{k=0}^{\infty}\left(e^{-j\omega_0}z^{-1}\right)^k\right) \\
&= \frac{1}{2j}\left(\frac{1}{1 - e^{j\omega_0}z^{-1}} - \frac{1}{1 - e^{-j\omega_0}z^{-1}}\right) \\
&= \frac{1}{2j}\frac{(e^{j\omega_0} - e^{-j\omega_0})z^{-1}}{1 - (e^{j\omega_0} + e^{-j\omega_0})z^{-1} + z^{-2}}
\end{aligned}
\tag{7.15}
$$

ここで，再び公式 (7.13)，(7.14) を用いると，正弦波の $z$ 変換は，

$$X(z) = \frac{\sin\omega_0 \cdot z^{-1}}{1 - 2\cos\omega_0 \cdot z^{-1} + z^{-2}} = \frac{\sin\omega_0 \cdot z}{z^2 - 2\cos\omega_0 \cdot z + 1} \tag{7.16}$$

となります。

式 (7.16) の $X(z)$ の極は，2 次方程式

$$z^2 - 2\cos\omega_0 \cdot z + 1 = 0 \tag{7.17}$$

の根なので，2 次方程式の根の公式を用いると，

$$z = \cos\omega_0 \pm \sqrt{\cos^2\omega_0 - 1} = \cos\omega_0 \pm j\sin\omega_0 \tag{7.18}$$

が得られます。

いま，$z = e^{j\omega_0}$ とおくと，式 (7.18) は**オイラーの関係式**そのものです。$z$ 平面上の正弦波信号の極と零点の位置を図 7.6 に示します。図より，離散時間正弦波の極は単位円上に存在します。連続時間の場合には，$s$ 平面上の虚軸（$j\omega$ 軸）が**周波数軸**でした。それに対して，離散時間の場合には，$z$ 平面上の単位円（$e^{j\omega}$）が**周波数軸**になります。

ここまでで四つの基本的な離散時間信号の $z$ 変換を示しました。これらも含めて制御工学で覚えておくべき $z$ 変換対を表 7.1 にまとめました。

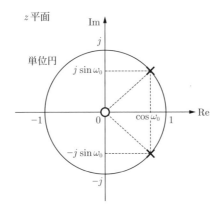

**図 7.6** z 平面上における正弦波信号の極（×印）と零点（○印）

**表 7.1** 制御工学で暗記すべき重要な z 変換対

| 名　称 | $x(k)$ | $X(z)$ |
|---|---|---|
| (1)　単位インパルス信号 | $\delta(k)$ | $1$ |
| (2)　単位ステップ信号 | $u_s(k)$ | $\dfrac{1}{1 - z^{-1}}$ |
| (3)　指数信号 | $\alpha^k u_s(k)$ | $\dfrac{1}{1 - \alpha z^{-1}}$ |
| (4)　正弦波信号 | $\sin \omega_0 k \cdot u_s(k)$ | $\dfrac{\sin \omega_0 \cdot z^{-1}}{1 - 2\cos \omega_0 \cdot z^{-1} + z^{-2}}$ |
| (5)　余弦波信号 | $\cos \omega_0 k \cdot u_s(k)$ | $\dfrac{1 - \cos \omega_0 \cdot z^{-1}}{1 - 2\cos \omega_0 \cdot z^{-1} + z^{-2}}$ |
| (6)　時間軸推移信号 | $\delta(k - m)$ | $z^{-m}$ |
| (7)　単位ランプ信号 | $k u_s(k)$ | $\dfrac{1}{(1 - z^{-1})^2}$ |

## 7.1.2　逆 z 変換の計算法

　$z$ 領域の複素関数 $X(z)$ から時間領域の信号 $x(k)$ に戻すためには，**逆 z 変換**を計算する必要があります。逆 $z$ 変換の公式は存在しますが，通常これを用いて計算することはなく，逆ラプラス変換の計算のときと同様に，**部分分数展開**と

表 7.1 に示した重要な $z$ 変換対を用いて逆変換を行います。

以下では，例題を用いて逆 $z$ 変換の計算法を示しましょう。

例題 7.1 （逆 $z$ 変換の計算）　つぎの複素関数の逆 $z$ 変換を計算しましょう。

$$X(z) = \frac{3 - 1.25z^{-1}}{(1 - 0.5z^{-1})(1 - 0.25z^{-1})} \tag{7.19}$$

この $X(z)$ は $z^{-1}$ で表現されているので，分子分母を $z^2$ 倍して $z$ の多項式の形に変形します。

$$X(z) = \frac{3z^2 - 1.25z}{(z - 0.5)(z - 0.25)} = \frac{z(3z - 1.25)}{(z - 0.5)(z - 0.25)}$$

この式の左辺を次式のような形に変形するところがポイントです。

$$\frac{X(z)}{z} = \frac{3z - 1.25}{(z - 0.5)(z - 0.25)} \tag{7.20}$$

この式の右辺を，逆ラプラス変換の計算で学んだように，次式のように**部分分数展開**します。

$$\frac{X(z)}{z} = \frac{\alpha}{z - 0.5} + \frac{\beta}{z - 0.25} \tag{7.21}$$

この式の係数 $\alpha$ と $\beta$ は**留数計算**によってつぎのように求めることができます。

$$\alpha = (z - 0.5)\frac{X(z)}{z}\Big|_{z=0.5} = \frac{3z - 1.25}{z - 0.25}\Big|_{z=0.5} = 1$$

$$\beta = (z - 0.25)\frac{X(z)}{z}\Big|_{z=0.25} = \frac{3z - 1.25}{z - 0.5}\Big|_{z=0.25} = 2$$

これより，

$$\frac{X(z)}{z} = \frac{1}{z - 0.5} + \frac{2}{z - 0.25}$$

となるので，$X(z)$ は次式のようになります。

$$X(z) = \frac{z}{z - 0.5} + \frac{2z}{z - 0.25} = \frac{1}{1 - 0.5z^{-1}} + \frac{2}{1 - 0.25z^{-1}}$$

したがって，表 7.1 より，

$$x(k) = \mathcal{Z}^{-1}[X(z)] = \left(0.5^k + 2 \cdot 0.25^k\right) u_s(k)$$

が得られます。　　　　　　　　　　　　　　　　　　　　　　　　　　　　◇

　この例題では相異なる極を持つ場合の例を示しました。重根を持つ場合に対しても，逆ラプラス変換で学んだこと[4]がそのまま利用できるので，ここではその説明は省略します。

### 7.1.3　$z$ 変換の性質

　制御工学で利用する $z$ 変換の重要な性質を表 7.2 にまとめます。表の中の性質 (4) において $*$ はたたみ込み（convolution）を表し，次式で定義されます。

$$x(k) * y(k) = \sum_{m=-\infty}^{\infty} x(m)y(k-m) \tag{7.22}$$

連続時間システムのときと同じように，線形離散時間システムを記述するとき，たたみ込みが重要な役割を演じます。すなわち，時間領域ではインパルス応答と入力信号のたたみ込みで記述される線形システムの入出力関係を $z$ 変換すると，この性質 (4) より $z$ 領域では乗算で表現できます。

　この表 7.2 に示した性質以外にも $z$ 変換はいくつかの性質を持ちます。その中で，和と差の $z$ 変換を示しておきましょう。まず，離散時間信号の和分を

$$y(k) = x(0) + x(1) + \cdots + x(k) = \sum_{i=0}^{k} x(i) \tag{7.23}$$

**表 7.2**　制御工学でよく利用する $z$ 変換の性質

| 性　質 | 数　式 |
|---|---|
| (1) 線形性 | $\mathcal{Z}[ax(k) + by(k)] = a\mathcal{Z}[x(k)] + b\mathcal{Z}[y(k)]$ |
| | ただし，$a, b$ は定数 |
| (2) 時間遅れ | $\mathcal{Z}[x(k-m)] = z^{-m}\mathcal{Z}[x(k)], \quad m > 0$ |
| (3) 時間進み | $\mathcal{Z}[x(k+m)] = z^m\mathcal{Z}[x(k)] - z^m x(0)$ |
| | $\quad -z^{m-1}x(1) - \cdots - zx(m-1), \quad m > 0$ |
| (4) たたみ込み | $\mathcal{Z}[x(k) * y(k)] = \mathcal{Z}[x(k)]\mathcal{Z}[y(k)]$ |
| (5) 最終値の定理 | $x_\infty = \lim_{k \to \infty} x(k) = \lim_{z \to 1}(1 - z^{-1})\mathcal{Z}[x(k)]$ |

---

[4] たとえば，前著の「3.3.4 逆ラプラス変換の計算法：留数計算の秘密」（p.44）を参照してください。

とすると，この式は，

$$y(k) = y(k-1) + x(k) \tag{7.24}$$

と差分方程式で書き直すことができます。この式を $z$ 変換すると，

$$Y(z) = z^{-1}Y(z) + X(z) \tag{7.25}$$

となります。これより $y(k)$ の $z$ 変換は，

$$Y(z) = \frac{1}{1 - z^{-1}} X(z) \tag{7.26}$$

で与えられます。このように，

$$G(z) = \frac{1}{1 - z^{-1}} = \frac{z}{z - 1} \tag{7.27}$$

は**和分器**の伝達関数を表します。なお，和分器は離散時間での積分器なので，**積分器**とも呼ばれることもあります。そして，表 7.1 より，この伝達関数は単位ステップ信号の $z$ 変換に一致します。この事実は，連続時間の場合に積分器の伝達関数は $1/s$ で，それは単位ステップ信号のラプラス変換であったことに対応します。

つぎに，離散時間信号の差分を

$$y(k) = x(k) - x(k-1) \tag{7.28}$$

とするとき，この $z$ 変換は次式で与えられます。

$$Y(z) = X(z) - z^{-1}X(z) = (1 - z^{-1})X(z) \tag{7.29}$$

このように，$1 - z^{-1}$ は**差分器**の伝達関数を表します。離散時間の和分・差分は，連続時間の積分・微分に対応します。

## 7.2　連続時間と離散時間の関係

連続時間を記述する $s$ 平面と離散時間を記述する $z$ 平面を図 7.7 に示します。この二つの複素平面の図を用いて連続時間と離散時間の関係を調べていきましょう。

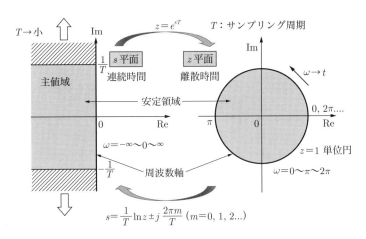

**図 7.7**　連続時間と離散時間の関係

　図 7.7 の左は連続時間の世界です。連続時間に対応する $s$ 平面では，原点が周波数 0 に対応し，**虚軸（$j\omega$ 軸）が周波数軸**になります。そして，原点から虚軸上に存在する極までの長さが角周波数の大きさになります。このように，虚軸上を原点から上へ進むにしたがって，角周波数 $\omega$ は増加し，いくらでも角周波数を高くすることができます。

　連続時間信号 $x(t)$ をサンプリング周期 $T$ で離散化すると，離散時間信号 $x(k)$（$k$ は整数）が得られます。このとき，ラプラス変換の変数 $s$ と $z$ 変換の変数 $z$ は，

$$z = e^{sT} \tag{7.30}$$

を満たします。これが $s$ 平面と $z$ 平面を結び付ける関係式です。

　図 7.7 の右図は離散時間の世界です。離散時間に対応する $z$ 平面では，$z=1$ が角周波数 0 に対応します。そして，$z$ 平面上の半径 1 の円，すなわち，**単位円上が周波数軸**になります。$z=1$ の角周波数 0 から出発して，単位円上に反時計回りに角周波数は増加します。しかし，連続時間の場合と違って，この場合の周波数軸は閉じた円なので，単位円を 1 周すると元の $z=1$ に戻ってきてしまいます。このように離散時間は周期的な性質を持ちます。もう少し具体的にいうと，$z=1$ が角周波数 $\omega=0$ に対応し，そこから第 1 象限，第 2 象限を通って角

周波数を増加していくと，$z = -1$ のとき（これが**ナイキスト角周波数**に対応します）角周波数は最大になります。さらに，そこから第 3 象限，第 4 象限を通っていくと角周波数は減少していき，$z = 1$ に戻ると角周波数は 0 になります。

　連続時間から離散時間へ変換するときには式 (7.30) を利用しました。一方，離散時間から連続時間に逆変換するときには，式 (7.30) の逆関数である

$$s = \frac{1}{T} \ln z \pm j \frac{2\pi m}{T}, \qquad m = 0, 1, 2, \ldots \tag{7.31}$$

を利用することになります。ここで，$\ln$ は $e$ を底とする対数，すなわち自然対数です。式 (7.31) を理解するためには複素関数論の知識が必要になるので，少しハードルが上がります。式 (7.31) において，$m = 0$ のとき主値と呼ばれ，その帯のような領域が周期的に繰り返されていることが理解できれば，ここではよいです。図 7.7 の左の $s$ 平面の図からわかるように，サンプリング周期 $T$ を小さくしていくと，主値域の境界を与える $1/T$ が増加するので，離散時間で表現できる周波数帯域が広がることがわかります。

　なお，図 7.7 において，古典制御で学んだように，$s$ 平面の左半平面が安定領域です。$z$ 平面ではそれは単位円内に対応します。

## 7.3　離散時間でのフーリエ変換

### 7.3.1　離散時間フーリエ変換

　連続時間では $s$ 平面の虚軸上，すなわち周波数軸上のラプラス変換がフーリエ変換に対応しました。離散時間の場合には，$z$ 平面上の単位円上が周波数軸になるので，**単位円上での $z$ 変換が離散時間フーリエ変換**になります。そこで，離散時間フーリエ変換をつぎのポイントでまとめましょう。

> **Point 7.4**　**離散時間フーリエ変換**
>
> 離散時間信号 $x(k)$ が絶対値総和可能，すなわち，
>
> $$\sum_{k=-\infty}^{\infty} |x(k)| < \infty \tag{7.32}$$
>
> であるとき，$x(k)$ の**離散時間フーリエ変換** $X(\omega)$ は

$$X(\omega) = \mathcal{F}[x(k)] = \sum_{k=-\infty}^{\infty} x(k)e^{-j\omega k} \tag{7.33}$$

で定義されます。このとき，$X(\omega)$ は $x(k)$ のスペクトルと呼ばれます。$X(\omega)$ は $\omega$ の複素関数であり，$|X(\omega)|$ は**振幅スペクトル**，$\angle X(\omega)$ は**位相スペクトル**，$|X(\omega)|^2$ は**パワースペクトル**と呼ばれます。

一方，離散時間逆フーリエ変換は次式で定義されます。

$$x(k) = \frac{1}{2\pi} \int_{2\pi} X(\omega)e^{-j\omega k}\mathrm{d}\omega \tag{7.34}$$

例題を通して，離散時間フーリエ変換の計算法をみていきましょう。

例題 7.2 （離散時間フーリエ変換の計算）　減衰指数信号

$$x(k) = \alpha^k u_s(k), \qquad 0 < \alpha < 1 \tag{7.35}$$

を離散時間フーリエ変換して $X(\omega)$ を求め，その振幅スペクトルと位相スペクトルを計算してみましょう。

式 (7.35) を式 (7.33) に代入すると，$X(\omega)$ はつぎのように計算できます。

$$
\begin{aligned}
X(\omega) &= \sum_{k=0}^{\infty} \alpha^k e^{-j\omega k} = \sum_{k=0}^{\infty} (\alpha e^{-j\omega})^k \\
&= \frac{1}{1 - \alpha e^{-j\omega}} \quad \leftarrow \text{無限等比数列の和の公式 (7.7)} \\
&= \frac{1}{1 - a(\cos\omega - j\sin\omega)} \quad \leftarrow \text{オイラーの関係式} \\
&= \frac{1 - a\cos\omega}{1 - 2a\cos\omega + a^2} - j\frac{a\sin\omega}{1 - 2a\cos\omega + a^2} \quad \leftarrow \text{複素数の有理化}
\end{aligned}
\tag{7.36}
$$

式 (7.36) より，振幅スペクトルと位相スペクトルは，それぞれ

$$|X(\omega)| = \frac{1}{\sqrt{1 - 2a\cos\omega + a^2}} \tag{7.37}$$

$$\angle X(\omega) = -\arctan\left(\frac{a\sin\omega}{1 - a\cos\omega}\right) \tag{7.38}$$

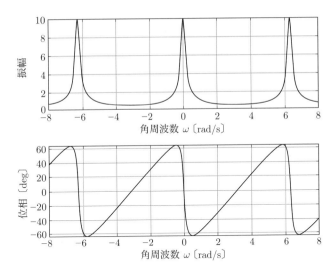

**図 7.8** 減衰指数信号のスペクトル（上：振幅スペクトル，下：位相スペクトル）

となります。これらを図 7.8 に示します[5]。図より，振幅スペクトルは偶関数，位相スペクトルは奇関数であることがわかります。これは一般的に成り立つことです。また，振幅スペクトルと位相スペクトルはともに周期的です。ここで，われわれが現実に着目する角周波数は $0 \leq \omega \leq \pi$ です。その周波数範囲に着目すると，減衰指数信号は低域で振幅が大きいことがわかります。　　　　　◇

### 7.3.2 離散フーリエ変換（DFT）

式 (7.33) の定義から明らかなように，離散時間信号が無限個利用できると仮定して，離散時間フーリエ変換は計算されました。そのため，得られた振幅スペクトルと位相スペクトルは，たとえば図 7.8 に示したように角周波数に対して連続関数，すなわち**連続スペクトル**でした。しかし，現実には有限個の離散時間信号から離散時間フーリエ変換を計算することになります。このようにして得られたものは**離散フーリエ変換**（discrete Fourier transform：**DFT**）と呼ばれます。そこで，離散フーリエ変換とその逆変換をつぎのポイントでまとめておきましょう。

---

[5] この例ではサンプリング周期を 1 秒に規格化しました。

**Point 7.5** 離散フーリエ変換（DFT）

$N$ 個の離散時間信号 $x(k)$, $k = 0, 1, \ldots, N-1$ に対する離散時間フーリエ変換は，**$N$ 点 DFT** と呼ばれ，次式で定義されます。

$$X(n) = \mathrm{DFT}[x(k)] = \sum_{k=0}^{N-1} x(k) e^{-j\frac{2\pi}{N}nk}, \ n = 0, 1, \ldots, N-1 \quad (7.39)$$

一方，その逆変換は，**$N$ 点 IDFT**（Inverse DFT）（逆離散フーリエ変換）と呼ばれ，次式で定義されます。

$$x(k) = \mathrm{IDFT}[X(n)] = \frac{1}{N} \sum_{n=0}^{N-1} X(n) e^{j\frac{2\pi}{N}kn}, \ k = 0, 1, \ldots, N-1$$

$$(7.40)$$

式 (7.39) の意味を図 7.9 を使って説明しましょう。式 (7.33) の離散時間フーリエ変換は，すでに説明したように $z$ 平面の単位円上での $z$ 変換でした。無限個の離散時間信号を利用できるという仮定は，単位円上のすべての点でフーリエ変換を計算できることを意味しており，そのとき，連続スペクトルが得られました。それに対して，有限な $N$ 個のデータを利用して離散時間フーリエ変換を計算する場合は，単位円を $N$ 等分した点において，フーリエ変換を計算することになります。すなわち，図 7.9 に示すように，単位円上を中心角 $2\pi/N$ ごとに分割することに対応します。なお，図では $N = 16$ の例を示しています。そのた

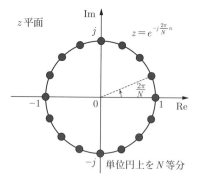

**図 7.9** DFT の計算

め DFT では式 (7.39) のような計算をしています。このように，離散的な点で
しかフーリエ変換を計算することができないので，DFT は**離散スペクトル**にな
ります。

例題を通して，離散時間フーリエ変換と DFT の計算を比較しましょう。

例題 7.3 （離散時間フーリエ変換と DFT の計算）　減衰指数信号

$$x(k) = \begin{cases} \alpha^k, & k = 0, 1, \ldots, N-1, \quad 0 < \alpha < 1 \\ 0, & その他 \end{cases} \tag{7.41}$$

の離散時間フーリエ変換と DFT を計算して，それらの比較をしてみましょう。

まず，式 (7.33) を用いて離散時間フーリエ変換を計算すると，

$$\begin{aligned} X(\omega) &= \sum_{k=0}^{N-1} \alpha^k e^{-j\omega k} = 1 + \alpha e^{-j\omega} + \cdots + \alpha^{N-1} e^{-j\omega(N-1)} \\ &= \frac{1 - \alpha^N e^{-j\omega N}}{1 - \alpha e^{-j\omega}} \end{aligned} \tag{7.42}$$

となります。ここで，等比数列の有限和の公式 (7.6) を用いました。これより，
振幅スペクトルは，

$$|X(\omega)| = \sqrt{\frac{1 + \alpha^{2N} - 2\alpha^N \cos(\omega N)}{1 + \alpha^2 - 2\alpha \cos \omega}} \tag{7.43}$$

となり，位相スペクトルは

$$\angle X(\omega) = -\arctan\left(\frac{\alpha \sin \omega}{1 - \alpha \cos \omega}\right) + \arctan\left(\frac{\alpha^N \sin \omega N}{1 - \alpha^N \cos \omega N}\right) \tag{7.44}$$

となります。

つぎに，式 (7.39) を用いて DFT を計算すると，

$$\begin{aligned} X(n) &= \sum_{k=0}^{N-1} \alpha^k e^{-j\frac{2\pi}{N}nk} = 1 + \alpha e^{-j\frac{2\pi}{N}n} + \cdots + \alpha^{N-1} e^{-j\frac{2\pi}{N}n(N-1)} \\ &= \frac{1 - \alpha^N}{1 - \alpha e^{-jn\frac{2\pi}{N}}} \end{aligned} \tag{7.45}$$

となります。これより，振幅スペクトルは，

$$|X(n)| = \frac{1 - \alpha^N}{\sqrt{1 + \alpha^2 - 2\alpha \cos\left(\frac{2\pi n}{N}\right)}} \tag{7.46}$$

となり，位相スペクトルは

$$\angle X(n) = -\arctan\left(\frac{\alpha \sin\left(\frac{2\pi n}{N}\right)}{1 - \alpha \cos\left(\frac{2\pi n}{N}\right)}\right) \tag{7.47}$$

となります。

$\alpha = 0.7$，$N = 16$ としたときの両者の振幅スペクトルを図 7.10 で比較します。離散時間フーリエ変換により得られた振幅スペクトルは角周波数に対して連続関数であり，一方，DFT により計算されたそれは角周波数に対して離散関数です。この結果より，離散時間信号のデータ数 $N$ を増やせば増やすほど，フーリエ変換が評価できる点が増加し，$N \to \infty$ のとき，DFT は離散時間フーリエ変換に一致することがわかります。　　　　　　　　　　　　　　　　　　　　　　♢

1965 年，米国のジェイムズ・クーリーとジョン・テューキーによって，離散時間信号のデータ数 $N$ が $N = 2^m$ のときに，DFT を高速に計算するアルゴリズムである**高速フーリエ変換**（Fast Fourier Transform：FFT）が提案されました。ディジタル計算機が世の中に広まり始めた 1960 年代の半ばにこの FFT ア

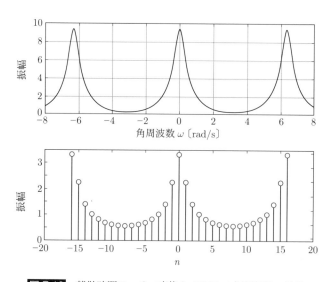

**図 7.10**　離散時間フーリエ変換と DFT の振幅特性の比較

ルゴリズムが提案されたことにより，一気にディジタル信号処理の応用研究が進展しました。本書では，紙面の都合で FFT に関する詳細な記述は省略します。なお，テューキー（ATT ベル研，プリンストン大学）は FFT を考案しただけではなく，「ビット」という造語を作ったり，統計解析で利用される「箱ひげ図」（boxplot）（図 7.11 参照）を開発したそうです。

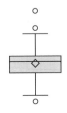

**図 7.11** 箱ひげ図

---

**コラム 7.1**　**$z$ 変換とザデー**

　$z$ 変換の基本的なアイディアはラプラスによって 19 世紀に考案されたといわれています。その後，1947 年に出版された『Theory of Servomechnisms』という本の中でビトルド・フレビッツ（1904–1956）が $z$ 変換を再提案しました。彼は $z$ の記号を用いて $z$ 変換を記述しましたが，それを $z$ 変換とは呼ばずに「*generating function*」と呼びました。その後，コロンビア大学のサンプル値制御グループのジョン・ラガジーニ（1912–1988）とロトフィー・ザデー（1921–2017）が $z$ 変換と命名したとされています。なぜ $z$ という記号を使ったかと

ザデー教授[1]

いうと，ラプラス変換が $s$ 変換と呼ばれていたので，遅延演算子の $z$ を用いて $z$ 変換とした説や，複素平面を $z = x + jy$ で書いたからという説などがあります。

　ここで登場したザデー教授は 1949〜59 年にコロンビア大学で教鞭をとり，その後，カリフォルニア大学バークレー校に異動して，1992 年まで教授を務めました。1956 年にシステム同定，1965 年にファジィ集合，1973 年にファジィ論理などを提唱した，制御の世界に多大な功績をされた研究者です。ザデーがコロンビア大学で教授を務めていたとき，学生の一人に，本書の前半で大活躍したカルマンがいたそうです。「ルドルフ・カルマンはコロンビア大学の私のクラスの才気ある科学者であった」と，ザデーは評したそうです。

1) 出典：https://news.berkeley.edu/story_jump/lofti-zadeh-inventor-of-fuzzy-logic-dies-at-96/

## コラム 7.2　スペクトル

　1666 年，ヨーロッパを襲ったペストの大流行のため，英国のケンブリッジ大学が閉鎖され，ニュートンは故郷で「創造的休暇」を過ごしました（前著のコラム 2.1 参照）。ニュートンの三大業績と呼ばれる，微分積分学，光学，万有引力はすべて創造的休暇の産物です。この中の光学では，ニュートンはプリズムを使った分光実験を行いました。すなわち，太陽光をプリズムに通すと虹のような色の帯が現れる現象を発見し，彼はこの色の帯のことを**スペクトル**（spectrum）と名付けました。ここで，spectrum の発音は「スペクトラム」なのですが，「スペクトル」と呼ばれることも多いようです。

　"spectrum" はラテン語の "spectrum" に由来します。この "spectrum"（名詞）は「見えるもの」を意味する言葉で，その形容詞は "spectral" です。似た単語に "specter" という「幽霊」という意味の名詞があり，この形容詞も "spectral" になります。このように "spectral" という形容詞には，「お化けのような」と「（光学分野での）スペクトルの」という二つの意味があります。

　さて，「スペクトルとは複雑な情報や信号をその成分に分解し，成分ごとの大小に従って並べたもの」が，理工学における一般的な定義で，この定義を満たせば光学のような物理学だけではなく，情報の分野でも広く利用されています。特に，本書で取り扱う信号解析の分野では，時間領域の信号をフーリエ変換して得られる周波数領域での表現をスペクトルと呼びます。時間領域の世界は現実の世界であり，周波数領域の世界は仮想的な世界です。その仮想的な世界での表現をスペクトル（幽霊）と呼んでいるのは，言いえて妙だと思います。

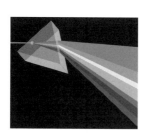 

写真提供：著者

　プリズム分光（左）とニュートンが所属したケンブリッジ大学トリニティコレッジ（右）

# 第8章

# 連続時間システムの離散化

本章では，連続時間システムの離散時間システムへの変換，すなわち，システムの離散化について解説します。特に，状態空間表現に基づいて，連続時間システムを離散時間システムに変換するシステムの離散化について説明します。これまで述べてきた物理（連続時間）の世界から情報（離散時間）の世界へワープしましょう。

## 8.1 状態空間表現を用いた連続時間システムの離散化

入力が $u(t)$ で出力が $y(t)$ の SISO 連続時間システムを考えます。このシステムが，次式のように状態空間表現されているとします。

$$\frac{\mathrm{d}}{\mathrm{d}t}\boldsymbol{x}(t) = \boldsymbol{A}\boldsymbol{x}(t) + \boldsymbol{b}u(t) \tag{8.1}$$

$$y(t) = \boldsymbol{c}^T\boldsymbol{x}(t) + du(t) \tag{8.2}$$

ここで，$\boldsymbol{x}(t)$ は状態ベクトルで，$\boldsymbol{A}$ は $(n \times n)$ 行列，$\boldsymbol{b}$ と $\boldsymbol{c}$ は $(n \times 1)$ 列ベクトル，$d$ はスカラーです。

式 (8.1), (8.2) で与えられた連続時間システムを，サンプリング周期 $T$ で，**零次ホールダ**[1] を用いて離散化すると，次式の**離散時間状態空間表現**が得られます。

---

[1] 入力 $u(t)$ がサンプリング周期 $T$ の間，一定値を取るように信号の大きさを保持するものを零次ホールダといいます。

$$x_d(k+1) = A_d x_d(k) + b_d u(k) \tag{8.3}$$

$$y(k) = c_d^T x_d(k) + d_d u(k) \tag{8.4}$$

ここで，$x_d(k)$ は離散時間の状態ベクトルです。$A_d$ は $(n \times n)$ 行列，$b_d$ と $c_d$ は $(n \times 1)$ 列ベクトル，$d_d$ はスカラーです。ここでは，連続時間と離散時間のシステム行列を区別するために，離散時間 (discrete time) の $d$ を下添え字につけました。

まず，式 (8.1) の 1 階微分方程式で記述される状態方程式は，式 (8.3) の 1 階差分方程式に変換されます。導出の詳細は省略しますが，離散時間状態方程式の $A_d$ と $b_d$ はそれぞれつぎのように与えられます。

$$A_d = e^{AT} \tag{8.5}$$

$$b_d = \int_0^T e^{At} b \, dt \tag{8.6}$$

ここで，$e^{AT}$ は**状態遷移行列**と呼ばれます。式 (8.5) は 1 サンプリング周期 $T$ が経過した後，すなわち $t = T$ 秒後に，$A$ 行列がどれだけ変化するかを与えたものです。

つぎに，式 (8.2) の出力方程式は，式 (8.4) になります。出力方程式は代数方程式なので，離散化してもその係数は変化しません。すなわち，

$$c_d = c, \qquad d_d = d \tag{8.7}$$

が成り立ちます。

状態遷移行列 $e^{AT}$ で与えられる離散時間システムの $A_d$ 行列について詳しく調べてみましょう。式 (8.5) は，次式のようにテイラー級数展開できます。

$$A_d = e^{AT} = I + TA + \frac{T^2}{2!}A^2 + \cdots \tag{8.8}$$

もとの連続時間システムが安定であれば，そのシステム行列 $A$ のすべての固有値は $s$ 平面の左半平面に存在します。そのため，$n \to \infty$ のとき，$A^n \to 0$ が成り立ちます。この事実より，式 (8.8) で与えられる離散時間システムの $A_d$ 行列は，一定値をとります。

たとえば，サンプリング周期 $T$ が十分小さいと仮定して，式 (8.8) のテイラー級数展開を線形近似すると，

$$\boldsymbol{A}_d \approx \boldsymbol{I} + T\boldsymbol{A} \tag{8.9}$$

が得られます。この式 (8.9) を式 (8.6) に代入して，線形近似すると，

$$\boldsymbol{b}_d \approx \int_0^T \boldsymbol{I}\mathrm{d}t \cdot \boldsymbol{b} = T\boldsymbol{b} \tag{8.10}$$

が得られます。式 (8.9)，(8.10) を式 (8.3) で用いると，線形近似した離散時間状態方程式は，

$$\boldsymbol{x}_d(k+1) = (\boldsymbol{I} + T\boldsymbol{A})\boldsymbol{x}_d(k) + T\boldsymbol{b}u(k) \tag{8.11}$$

となります。実際に離散化を適用する場合，サンプリング周期が十分小さければ，式 (8.3) の厳密な離散化ではなく，式 (8.11) の近似式を用いてもよいでしょう。

式 (8.11) をもう少し観察してみましょう。いま考えている問題は，1 階微分方程式 (8.1) の**離散化**です。数値解析の分野でさまざまな離散化を学んだ方もいらっしゃるでしょう。その代表的な離散化法が微分の**前進差分近似**です。これは微分演算を 1 階差分演算に置き換えるもので，次式で与えられます。

$$\frac{\mathrm{d}}{\mathrm{d}t} \longrightarrow \frac{q-1}{T} \tag{8.12}$$

ここで，$q$ は

$$qu(k) = u(k+1),\ q^{-1}u(k) = u(k-1),\ q^{-2}u(k) = u(k-2),\dots \tag{8.13}$$

のような作用をする**時間シフトオペレータ**[2]です。式 (8.1) の微分演算を式 (8.12) の右辺で置き換えると，

$$\frac{q-1}{T}\boldsymbol{x}(k) = \boldsymbol{A}\boldsymbol{x}(k) + \boldsymbol{b}u(k) \tag{8.14}$$

となります。この式を変形すると，

---

[2] 初めて学ぶ方は，この時間シフトオペレータ $q$ は，$z$ 変換の $z$ とほとんど同じ働きをするものだと思ってください。少し細かな話になってしまいますが，$z$ 変換を用いると，入出力信号も $u(z)$，$y(z)$ のように $z$ 領域で表現されてしまいます。それに対して，時間シフトオペレータを用いると，$u(k)$，$y(k)$ のように入出力信号を時間の世界で議論を続けることができます。

$$x(k+1) = (I + TA)x(k) + Tbu(k) \tag{8.15}$$

となり，この式は式 (8.11) と一致します。すなわち，微分方程式の前進差分近似は，式 (8.5), (8.6) で与えた，厳密な離散化の線形近似に対応します。

## 8.2　連続時間システムの離散化の例題

本節では二つの例題を通して，連続時間システムの離散化についての理解を深めましょう。

例題 8.1 (回転運動システムの離散化)

次式で与えられる剛体の回転運動を記述するシステムについて考えましょう。

$$I\frac{\mathrm{d}^2 y(t)}{\mathrm{d}t^2} = u(t) \tag{8.16}$$

ここで，$I$ は剛体の慣性モーメントです。$u(t)$ は剛体に印加されるトルク（回転を与える力）であり，これが入力です。$y(t)$ は剛体の回転角度であり，これが出力です。

古典制御の世界では，式 (8.16) を初期値を 0 としてラプラス変換して，

$$Is^2 y(s) = u(s) \tag{8.17}$$

を経由し，これから伝達関数

$$G(s) = \frac{y(s)}{u(s)} = \frac{1}{Is^2} \tag{8.18}$$

を求めました。得られた伝達関数から，このシステムについてつぎのことがわかります。

- このシステムには積分器が 2 個含まれています。すなわち，$s = 0$ に 2 重極が存在します。
- 分子と分母の次数差である**相対次数**[3] が 2 です。

---

[3] 相対次数 ＝ (分母の次数) − (分子の次数) が相対次数の定義です。相対次数が負の値をとるときには，そのシステムはインプロパーであり，物理的に実現できません。たとえば，$G(s) = s$ の微分器がその例です。

いま，連続時間システムの状態ベクトルを，第2章で学んだように，

$$\boldsymbol{x}(t) = \left[ \begin{array}{c} x_1(t) \\ x_2(t) \end{array} \right] = \left[ \begin{array}{c} y(t) \\ \dfrac{\mathrm{d}y(t)}{\mathrm{d}t} \end{array} \right] \tag{8.19}$$

とおきます。すると，つぎの状態空間表現が得られます。

$$\frac{\mathrm{d}}{\mathrm{d}t} \left[ \begin{array}{c} x_1(t) \\ x_2(t) \end{array} \right] = \left[ \begin{array}{cc} 0 & 1 \\ 0 & 0 \end{array} \right] \left[ \begin{array}{c} x_1(t) \\ x_2(t) \end{array} \right] + \left[ \begin{array}{c} 0 \\ 1 \end{array} \right] u(t) \tag{8.20}$$

$$y(t) = \left[ \begin{array}{cc} 1 & 0 \end{array} \right] \left[ \begin{array}{c} x_1(t) \\ x_2(t) \end{array} \right] \tag{8.21}$$

ここで，以下の説明を簡単にするために，$I = 1$ とおきました。この例題では，

$$\boldsymbol{A} = \left[ \begin{array}{cc} 0 & 1 \\ 0 & 0 \end{array} \right], \qquad \boldsymbol{b} = \left[ \begin{array}{c} 0 \\ 1 \end{array} \right], \qquad \boldsymbol{c} = \left[ \begin{array}{c} 1 \\ 0 \end{array} \right] \tag{8.22}$$

に対応します。

　この連続時間システムをサンプリング周期 $T$ で離散化しましょう。まず，$\boldsymbol{A}_d$ 行列を求めるために 2.5 節で学んだ方法を使って状態遷移行列 $e^{\boldsymbol{A}t}$ を計算します。

$$e^{\boldsymbol{A}t} = \mathcal{L}^{-1}[(s\boldsymbol{I} - \boldsymbol{A})^{-1}] = \mathcal{L}^{-1} \left[ \begin{array}{cc} s & -1 \\ 0 & s \end{array} \right]^{-1} = \mathcal{L}^{-1} \left[ \begin{array}{cc} \dfrac{1}{s} & \dfrac{1}{s^2} \\ 0 & \dfrac{1}{s} \end{array} \right]$$

$$= \left[ \begin{array}{cc} 1 & t \\ 0 & 1 \end{array} \right], \qquad t \geq 0 \text{ のとき} \tag{8.23}$$

この式で $t = T$ とおくと，行列 $\boldsymbol{A}_d$ がつぎのようになります。

$$\boldsymbol{A}_d = e^{\boldsymbol{A}T} = \left[ \begin{array}{cc} 1 & T \\ 0 & 1 \end{array} \right] \tag{8.24}$$

　つぎに，式 (8.23) を式 (8.6) に代入すると，ベクトル $\boldsymbol{b}_d$ は，

$$\boldsymbol{b}_d = \int_0^T \left[ \begin{array}{cc} 1 & t \\ 0 & 1 \end{array} \right] \left[ \begin{array}{c} 0 \\ 1 \end{array} \right] \mathrm{d}t = \int_0^T \left[ \begin{array}{c} t \\ 1 \end{array} \right] \mathrm{d}t = \left[ \begin{array}{c} \dfrac{T^2}{2} \\ T \end{array} \right] \tag{8.25}$$

となります。式 (8.24), (8.25) が，離散化されたシステムの行列 $\boldsymbol{A}_d$ とベクトル $\boldsymbol{b}_d$ です。

以上より，この例題の離散時間状態空間表現は，次式のようになります。

$$
\boldsymbol{x}(k+1) = \begin{bmatrix} 1 & T \\ 0 & 1 \end{bmatrix} \boldsymbol{x}(k) + \begin{bmatrix} \frac{T^2}{2} \\ T \end{bmatrix} u(k) \tag{8.26}
$$

$$
y(k) = \begin{bmatrix} 1 & 0 \end{bmatrix} \boldsymbol{x}(k) \tag{8.27}
$$

サンプリング周期 $T$ の選び方によって，離散時間状態方程式 (8.26) の係数が変化することがわかります。 ◇

例題 8.1 で得られた離散時間システムを用いて，システムの離散化の影響について調べてみましょう。そのために，離散時間状態空間表現から離散時間伝達関数を計算する方法を与えましょう。

---

**Point 8.1**　離散時間状態空間表現から離散時間伝達関数への変換

入力 $u$ から出力 $y$ までの離散時間伝達関数 $G(z)$ は，式 (8.3), (8.4) で与えた離散時間状態空間表現の $(\boldsymbol{A}_d, \boldsymbol{b}_d, \boldsymbol{c}_d, d_d)$ より，つぎのように計算できます。

$$
G(z) = \boldsymbol{c}_d^T (z\boldsymbol{I} - \boldsymbol{A}_d)^{-1} \boldsymbol{b}_d + d_d \tag{8.28}
$$

---

これは，第 2 章で与えた Point 2.4 の離散時間版です。式 (8.3), (8.4) で与えた離散時間状態空間表現を初期値を 0 として $z$ 変換することにより，式 (8.28) を導出することができます。読者の皆さんは，式 (8.28) の導出を確かめてください。

Point 8.1 を用いて，式 (8.26), (8.27) の離散時間状態空間表現から，離散時間伝達関数を計算すると，

$$
\begin{aligned}
G(z) &= \boldsymbol{c}_d^T (z\boldsymbol{I} - \boldsymbol{A}_d)^{-1} \boldsymbol{b}_d = \begin{bmatrix} 1 & 0 \end{bmatrix} \begin{bmatrix} z-1 & -T \\ 0 & z-1 \end{bmatrix}^{-1} \begin{bmatrix} \frac{T^2}{2} \\ T \end{bmatrix} \\
&= \frac{T^2}{2} \frac{z+1}{(z-1)^2}
\end{aligned} \tag{8.29}
$$

となります。式 (8.29) の離散時間伝達関数の極は $z = 1$（重根）です。これは離散時間の 2 個の積分器に対応します。この事実は $z$ 変換の積分器の式 (7.27) を

思い出せば納得できるでしょう。式 (8.18) より，連続時間システムの極は二つの積分器に対応していたので，離散化によって極の情報は保存されていることがわかります。

一方，離散時間伝達関数の分子には $z = -1$ という零点が現れています。しかし，式 (8.18) で与えたもとの連続時間伝達関数には零点は存在しません。このように，離散化によって，もとの連続時間システムには存在しなかった零点が現れてしまうという問題点が生じました。この事実に関連して，もとの連続時間システムの相対次数は 2 でしたが，式 (8.29) より，得られた離散時間システムの相対次数は 1 になってしまいました。

つぎに，サンプリング周期 $T$ が 0 に向かうとき，すなわち，離散時間システムが連続時間システムに近づいていくときの振る舞いを調べましょう。

$$\lim_{T \to 0} \boldsymbol{A}_d = \lim_{T \to 0} \begin{bmatrix} 1 & T \\ 0 & 1 \end{bmatrix} = \begin{bmatrix} 1 & 0 \\ 0 & 1 \end{bmatrix} \neq \boldsymbol{A} \tag{8.30}$$

$$\lim_{T \to 0} \boldsymbol{b}_d = \lim_{T \to 0} \begin{bmatrix} \frac{T^2}{2} \\ T \end{bmatrix} = \begin{bmatrix} 0 \\ 0 \end{bmatrix} \neq \boldsymbol{b} \tag{8.31}$$

このように，サンプリング周期が 0 へ向かう極限において，離散時間状態空間表現のシステム行列は，連続時間状態空間表現のシステム行列に収束しません。このように，ここで紹介したシステムの離散化では，得られた離散時間システムのサンプリング周期 $T$ が 0 に向かう極限として，連続時間システムが対応しません。この問題点を解決するため $\delta$ オペレータ表現が提案されていますが，本書ではその説明は省略します。

例題 8.2 (DC モータの離散化)

DC モータの電機子電圧を入力 $u(t)$ とし，モータの回転角度を出力 $y(t)$ とすると，DC モータは積分器と 1 次遅れ要素で記述することができます。ここでは，簡単のために，モータの伝達関数を

$$G(s) = \frac{1}{s(s+1)} \tag{8.32}$$

としましょう。

例題 8.1 と同様に，状態ベクトルを

$$\boldsymbol{x}(t) = \left[ \begin{array}{c} x_1(t) \\ x_2(t) \end{array} \right] = \left[ \begin{array}{c} y(t) \\ \dfrac{\mathrm{d}y(t)}{\mathrm{d}t} \end{array} \right] \tag{8.33}$$

のように角度と角速度として連続時間状態空間表現を導くと，

$$\frac{\mathrm{d}}{\mathrm{d}t} \left[ \begin{array}{c} x_1(t) \\ x_2(t) \end{array} \right] = \left[ \begin{array}{cc} 0 & 1 \\ 0 & -1 \end{array} \right] \left[ \begin{array}{c} x_1(t) \\ x_2(t) \end{array} \right] + \left[ \begin{array}{c} 0 \\ 1 \end{array} \right] u(t) \tag{8.34}$$

$$y(t) = \left[ \begin{array}{cc} 1 & 0 \end{array} \right] \left[ \begin{array}{c} x_1(t) \\ x_2(t) \end{array} \right] \tag{8.35}$$

が得られます。

式 (8.34)，(8.35) の連続時間状態空間表現を，サンプリング周期 $T$ で，零次ホールダを用いて離散化しましょう。まず，状態遷移行列は

$$e^{\boldsymbol{A}t} = \mathcal{L}^{-1}[(s\boldsymbol{I} - \boldsymbol{A})^{-1}] = \mathcal{L}^{-1} \left[ \begin{array}{cc} s & -1 \\ 0 & s+1 \end{array} \right]^{-1} = \mathcal{L}^{-1} \left[ \begin{array}{cc} \dfrac{1}{s} & \dfrac{1}{s(s+1)} \\ 0 & \dfrac{1}{s+1} \end{array} \right]$$

$$= \left[ \begin{array}{cc} 1 & 1 - e^{-t} \\ 0 & e^{-t} \end{array} \right], \qquad t \geq 0 \text{ のとき} \tag{8.36}$$

となるので，次式が得られます。

$$\boldsymbol{A}_d = e^{\boldsymbol{A}T} = \left[ \begin{array}{cc} 1 & 1 - e^{-T} \\ 0 & e^{-T} \end{array} \right] \tag{8.37}$$

つぎに，ベクトル $\boldsymbol{b}_d$ はつぎのように計算できます。

$$\boldsymbol{b}_d = \int_0^T \left[ \begin{array}{c} 1 - e^{-t} \\ e^{-t} \end{array} \right] \mathrm{d}t = \left[ \begin{array}{c} T + e^{-T} - 1 \\ -e^{-T} + 1 \end{array} \right] \tag{8.38}$$

以上より，離散時間状態空間表現は，

$$\boldsymbol{x}(k+1) = \left[ \begin{array}{cc} 1 & 1 - e^{-T} \\ 0 & e^{-T} \end{array} \right] \boldsymbol{x}(k) + \left[ \begin{array}{c} T + e^{-T} - 1 \\ -e^{-T} + 1 \end{array} \right] u(k) \tag{8.39}$$

$$y(k) = \left[ \begin{array}{cc} 1 & 0 \end{array} \right] \boldsymbol{x}(k) \tag{8.40}$$

となります。　　　　　　　　　　　　　　　　　　　　　　　　　　　　　$\Diamond$

この例題 8.2 の結果に対して，いくつか考察していきましょう。

## (1) 連続時間と離散時間の伝達関数（極と零点）の比較

この離散時間システムの伝達関数を計算すると，つぎのようになります。

$$
\begin{aligned}
G(z) &= \begin{bmatrix} 1 & 0 \end{bmatrix} \begin{bmatrix} z-1 & e^{-T}-1 \\ 0 & z-e^{-T} \end{bmatrix}^{-1} \begin{bmatrix} T+e^{-T}-1 \\ -e^{-T}+1 \end{bmatrix} \\
&= \frac{(T+e^{-T}-1)z + \{1-e^{-T}(1+T)\}}{(z-1)(z-e^{-T})} \\
&= \frac{(T+e^{-T}-1)z + \{1-e^{-T}(1+T)\}}{z^2 - (e^{-T}+1)z + e^{-T}}
\end{aligned}
\tag{8.41}
$$

例題 8.1 と比べると計算はやっかいで，少し複雑な形になりました。

例題 8.1 と同じように，離散化による伝達関数の極と零点の変化についてみていきましょう。まず，極についてみると，連続時間システムの $s=0$ の極は，離散時間システムでは $z=1$ の極に，$s=-1$ の極は $z=e^{-T}$ の極に，それぞれ 1 対 1 対応しています。

つぎに，この例題でも連続時間システムには零点は存在しませんが，離散時間システムでは，

$$
z = \frac{e^{-T}(1+T)-1}{T+e^{-T}-1}
\tag{8.42}
$$

に零点が存在してしまいました。

## (2) 制御のためのサンプリング周期の決定法

式 (8.32) で与えられた連続時間システムの伝達関数の周波数特性を図 8.1 に示します。周波数特性を表すボード線図を折線近似を用いて描くことによって，どのくらいのサンプリング周期でサンプリングすべきかを考えてみましょう。現代制御においても，古典制御のときに学習した周波数領域での議論は重要です。

図 8.1 より，このシステムを構成する 1 次遅れ要素の折点周波数，すなわち，バンド幅は $\omega_b = 1$ 〔rad/s〕です。そして，これより高い周波数帯域では，ゲインが $-40$ dB/dec で減少する低域通過特性を持つことがわかります。たとえば，$\omega = 10$ 〔rad/s〕でのゲインは $-40$ dB，すなわち 0.01 であり，$\omega = 100$ 〔rad/s〕でのゲインは $-80$ dB，すなわち 0.0001 です。このことから，$\omega = 10$ 〔rad/s〕より高い周波数帯域では，システムよりも雑音の影響が支配的になるので，通常，この帯域においてシステムの動特性を正確に再現する必要はないでしょう。

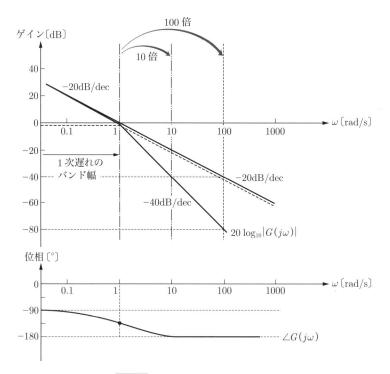

**図 8.1**　DC モータのボード線図

**Point 8.2**　サンプリング周期の選び方（経験則）

対象とするシステムが，安定で低域通過特性を持つ場合，適切なサンプリング角周波数 $\omega_s$ は，そのバンド幅 $\omega_b$ の 10 倍から 100 倍程度です。

この経験則より，例として二つのサンプリング周期を選びましょう。

(i) $\omega_b$ の 100 倍のとき：サンプリング角周波数は $\omega_s = 100$〔rad/s〕になるので，これに対応するサンプリング周期は，$T_1 = 2\pi/100 = 0.0628$〔s〕になります。切りのよい数字の方が計算しやすいので，$T_1 = 0.05$〔s〕にしましょう。

(ii) $\omega_b$ の 10 倍のとき：サンプリング角周波数は $\omega_s = 10$〔rad/s〕になるので，これに対応するサンプリング周期は，$T_2 = 2\pi/10 = 0.628$〔s〕にな

**表 8.1** サンプリング周期と離散時間システムの極と零点の関係

| サンプリング周期（$T$） | 極（$z = 1$） | 極（$z = e^{-T}$） | 零点 |
|:---:|:---:|:---:|:---:|
| 1 | 1 | 0.3679 | $-0.7283$ |
| 0.5 | 1 | 0.6065 | $-0.8467$ |
| 0.05 | 1 | 0.9512 | $-0.9835$ |

ります。切りのよい数字の方が計算しやすいので，$T_2 = 0.5$〔s〕にしましょう。

そして，もう少し長いサンプリング周期 $T_3 = 1$〔s〕も準備しておきましょう。このように，この例題に対して三つのサンプリング周期の候補を選び，それらに対応する極と零点を計算した結果を表 8.1 にまとめました。まず，積分器に対応する $z = 1$ の極は，サンプリング周期を変えても変化しません。それに対して，1 次遅れに対応するもう一つの極 $z = e^{-T}$ は，サンプリング周期 $T$ を短くしていくと，その値は増加していき，単位円上の $z = 1$ に向かいます。一方，零点の値は減少していき，$T \to 0$ のとき，単位円上の $z = -1$ に向かいます。この DC モータの離散化の例では，サンプリング周期を $T = 0.005 \sim 0.05$〔s〕に選ぶべきでしょう。

それでは，サンプリング周期が 0 に向かうとき，極と零点はどこに向かうのでしょうか？

まず，極の極限を計算してみましょう。

$$\lim_{T \to 0} e^{-T} = 1 \tag{8.43}$$

これより，二つの極は $T \to 0$ のとき，ともに単位円上の $z = 1$ に存在することがわかります。

一方，零点は，

$$\lim_{T \to 0} \frac{e^{-T}(1+T) - 1}{T + e^{-T} - 1} = -1 \tag{8.44}$$

となります。ここで，ロピタルの定理を用いました。連続時間システムには存在しなかった単位円上の $z = 1$ の零点は，サンプリング周期が 0 に向かう極限で

その点に向かうので，極限零点と呼ばれています。零点の議論は，本書のレベルを超えてしまうので，詳細は省略します。以上の議論より，次式が得られます。

$$\lim_{T \to 0} G(z) = \frac{z+1}{(z-1)^2} \tag{8.45}$$

　以上二つの例題から，システムを離散化する場合，連続時間システムの極の情報は保存されますが，零点の情報は保存されないことが確認されました。したがって，離散化したシステムを用いてディジタル制御システムを設計する場合には，注意深く零点を取り扱う必要があります。たとえば，フィードフォワード制御システムを設計する場合には，制御対象の逆システムを構成する必要があります。制御対象の零点は逆システムの極に対応するので，短いサンプリング周期に起因する単位円上に近い零点の影響に十分注意する必要があります。

# 第9章

# モデル予測制御

第6章では，現代制御の代表的な制御システム設計法である最適制御を紹介しました。本章では，古典制御以降に提案されたモデルベースト制御理論の中で，現時点（2023年現在）で最も実用的な制御システム設計法の一つであるといわれ，さまざまな分野で研究・応用されている**モデル予測制御**（model predictive control：MPC）の基礎について，離散時間線形システムを制御対象として解説します。

## 9.1 制御理論の発展

制御理論の発展の歴史を図 9.1 にまとめました。制御理論は，前著『制御工学のこころ – 古典制御編 –』で扱った古典制御から，1960 年を境にして，本書の

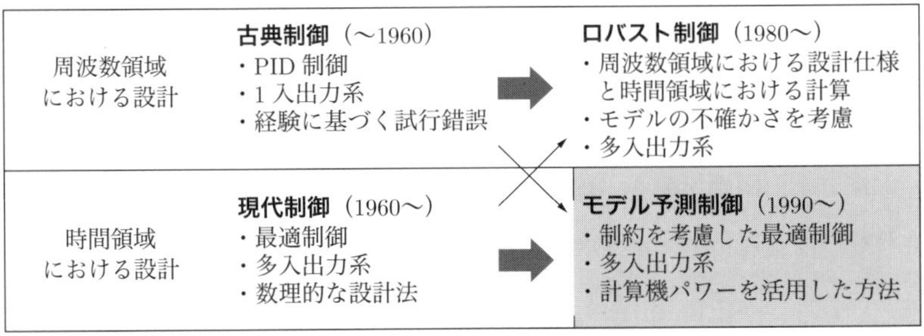

| | | |
|---|---|---|
| 周波数領域における設計 | **古典制御**（〜1960）<br>・PID 制御<br>・1 入出力系<br>・経験に基づく試行錯誤 | **ロバスト制御**（1980〜）<br>・周波数領域における設計仕様と時間領域における計算<br>・モデルの不確かさを考慮<br>・多入出力系 |
| 時間領域における設計 | **現代制御**（1960〜）<br>・最適制御<br>・多入出力系<br>・数理的な設計法 | **モデル予測制御**（1990〜）<br>・制約を考慮した最適制御<br>・多入出力系<br>・計算機パワーを活用した方法 |

**図 9.1** 制御理論の発展の歴史

前半で紹介した現代制御へ発展しました。現代制御は，時間領域における最適制御の考え方に基づいており，その考え方をさらに発展させたものが本章で紹介するモデル予測制御です。その意味で，モデル予測制御は現代制御の後継であるとみなすことができます。モデル予測制御のルーツはいくつかありますが，その一つはアカデミックなコミュニティからでなく，プラント産業の制御の現場から誕生したことも興味深いことです（コラム 9.1 参照）。

　もう一つの流れは，古典制御からロバスト制御への発展です。現代制御の発展に伴い，1970 年代の制御理論研究者の間では，古典制御が大切にしてきた周波数領域におけるモデリング，アナリシス，デザインの重要性が次第に忘れられてきていました。その周波数領域における設計法の重要性を再認識させ，現代制御から始まったモデルベースト制御の利点を継承したのが，1980 年代初頭に提案されたロバスト制御でした。ロバスト制御の大枠は 1980 年代後半に完成され，1990 年代には，航空宇宙，自動車，鉄鋼などさまざまな分野への応用研究が盛んに行なわれました。

　本章では，著者らが翻訳した

- Jan M. Maciejowski 著，足立・管野訳『モデル予測制御 – 制約のもとでの最適制御 –』東京電機大学出版局，2005.

の第 1〜3 章の内容の一部を平易に説明することを通して，モデル予測制御を特徴づける重要な用語を紹介し，モデル予測制御の基礎について解説します[1]。その結果として，モデル予測制御はどのような制御対象，制御目的に適しているか，という問いに対するヒントが与えられれば幸いです。

## 9.2　モデル予測制御のメインキャスト

　図 9.2 を用いて基本的なモデル予測制御システムについて説明していきましょう。本章では，制御対象を SISO 離散時間線形システムとします。図において，制御対象への入力を $u(k)$，制御対象の出力を $y(k)$ としました。本章では制御対

---

[1] 本章を読んでモデル予測制御に興味をもたれた読者は，300 ページを超える少し厚い本ですが，この本を読むことをお勧めします。この本の原著を読まれてもよいでしょう。

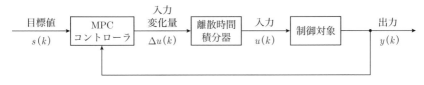

**図 9.2** モデル予測制御システムの基本的な構成

象の出力が追従すべき**目標値**（あるいは，**設定値**（set point））[2]を $s(k)$ とおきます。ここで，$k = 0, 1, 2, \ldots$ は離散時間を表します。

以下では，本章で説明するモデル予測制御で活躍するメインキャスト，すなわち，入力変化量，参照軌道，内部モデル，後退ホライズンを紹介しましょう。

## 9.2.1 入力変化量

これまで学んできたように，フィードバックコントローラは，**目標値** $s(k)$ と制御対象の出力 $y(k)$，あるいは，**偏差** $e(k) = s(k) - y(k)$ を用いて，制御入力 $u(k)$ を計算しました。それに対して，モデル予測制御では $u(k)$ ではなく，**入力変化量**

$$\Delta u(k) = u(k) - u(k-1) \tag{9.1}$$

をコントローラが算出します。これはモデル予測制御の特徴の一つです。

第 8 章で導入した**時間シフトオペレータ** $q$ を用いると，式 (9.1) は，

$$\Delta u(k) = u(k) - q^{-1}u(k) = (1 - q^{-1})u(k) \tag{9.2}$$

と変形できます。これより，入力 $u(k)$ は

$$u(k) = \frac{1}{1 - q^{-1}}\Delta u(k) \tag{9.3}$$

と表されます。式 (9.3) で $q$ を $z$ に置き換えると，第 7 章で学んだように，これは伝達関数が

---

[2] 本書ではこれまで目標値を $r$ を使って表しましたが，モデル予測制御では $r$ は参照軌道として使われるので，ここでは目標値を $s$ で表記しました。ラプラス変換の $s$ と紛らわしい記法をお許しください。

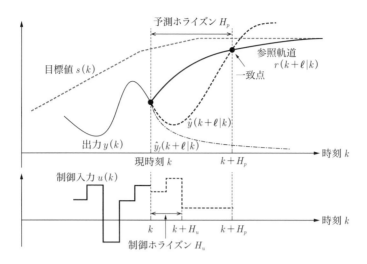

**図 9.3**　モデル予測制御の基本的なアイディア

$$G(z) = \frac{1}{1 - z^{-1}} = \frac{z}{z - 1}$$

である**離散時間積分器**（和分器）を用いて $\Delta u(k)$ から $u(k)$ に変換することを意味します。実世界の時間領域では，各時刻ステップ $k$ で $\Delta u(k)$ を足し合わせること，すなわち，式 (9.1) より，

$$u(k) = u(k - 1) + \Delta u(k) \tag{9.4}$$

のように制御入力 $u(k)$ を計算することができます。

### 9.2.2　参照軌道

図 9.3 に制御対象への入力 $u(k)$ と出力 $y(k)$ の一例を示します。この図を用いて，モデル予測制御の基本となるアイディアを紹介しましょう。

制御目的の一つに**目標値追従性**があります。これは定常状態において，制御対象の出力 $y(k)$ が目標値 $s(k)$ と等しくなること，すなわち，

$$y(k) = s(k)$$

を意味します。

　以下では $y(k)$ を直接，$s(k)$ に追従させるのではなく，出力を**参照軌道**と呼ばれる $r(k+\ell|k)$ に追従させることを考えます。ここで，$r(k+\ell|k)$ の | は，数学の世界では**条件つき**という意味であり，「ただし」と読みます。時刻 $k$ までのデータが利用可能であるという条件のもとでの，時刻 $k+\ell$ での $r$ の値を $r(k+\ell|k)$ と書きます。図 9.3 に示すように，参照軌道とは，現時刻での出力 $y(k)$ から出発して，現時刻以降の出力が目標値 $s(k)$, $k=k, k+1, \ldots$ に向かう軌道を意味します。

　出力が目標値に向かう速さを，参照軌道によって調整できます。そのため，参照軌道はフィードバックシステムの**速応性**を決定します。図 9.4 に目標値と参照軌道の関係の一例を示します。ここでは目標値を単位ステップ信号とし，イメージしやすいように，連続時間で記述しました。図 9.4(a) に示すように，通常，参照軌道としては指数関数的な滑らかな軌道が用いられ，その速さを時定数 $T_{\mathrm{ref}}$ で定めます。すなわち，図 9.4(b) に示すように，ステップ信号を 1 次遅れ要素に入力したときの出力信号が参照軌道に対応します。このように，ステップ信号のような急激に変化する目標値を直接使わず，それを 1 次遅れ要素を通してな

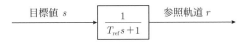

(a) 参照軌道の生成法

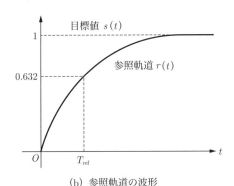

(b) 参照軌道の波形

**図 9.4** ステップ目標値と参照軌道の関係

まらせたものを新たな目標値とすることは，制御の現場でしばしば利用されています。

いま，現時刻 $k$ における**追従誤差**を

$$\varepsilon(k) = s(k) - y(k) \tag{9.5}$$

とおきます。指数関数的な参照軌道の場合，現時刻から $\ell$ 時刻後の追従誤差が

$$\varepsilon(k+\ell) = e^{-\ell T_{\mathrm{s}}/T_{\mathrm{ref}}} \varepsilon(k) = \lambda^{\ell} \varepsilon(k) \tag{9.6}$$

のように減少するように参照軌道を決定します。ここで，$T_{\mathrm{s}}$ は**サンプリング周期**です。また，

$$\lambda = e^{-T_{\mathrm{s}}/T_{\mathrm{ref}}} \tag{9.7}$$

は収束速度を決定するパラメータであり，$0 < \lambda < 1$ です。

式 (9.6) を用いると，現時刻から $\ell$ 時刻後の参照軌道は，

$$r(k+\ell|k) = s(k+\ell) - \varepsilon(k+\ell) = s(k+\ell) - \lambda^{\ell}\varepsilon(k), \quad \ell = 1, 2, \dots \tag{9.8}$$

となります。

ここでは指数関数的な参照軌道を与えましたが，別の参照軌道を定義することもできます。また，参照軌道を利用しない場合には，

$$r(k+\ell|k) = s(k+\ell) \tag{9.9}$$

とおきます。実問題では，入力信号の大きさが過度に大きくならないように，上下限制約を用いて制御入力を設計することがあるので，制御入力の急激な変化を抑える参照軌道の導入は効果的です。

## 9.2.3 内部モデル

モデル予測制御という名称から明らかなように，モデル予測制御では**内部モデル**[3]を用いて計算される制御出力の予測値を利用します。モデル予測制御がプロ

---

[3] モデル予測制御では，制御対象のモデルを内部モデルと呼びます。以下では，「内部モデル」を単に「モデル」と呼ぶこともあります。

セス制御の世界で開発された当初は，内部モデルとして**ステップ応答モデル**，あるいは**インパルス応答モデル**が利用されました。プロセス制御の現場では**システム同定**[4]実験を行うことが難しい場合が多く，制御対象にステップ信号を印加して得られるステップ応答をモデルとして利用することが多かったのです。現在では，第一原理モデリング（物理モデリング）やシステム同定によって構築された**伝達関数モデル**，あるいは**状態空間モデル**が利用されることが一般的になりました。

図 9.3 において，現時刻 $k$ から $H_p$ 時刻先，すなわち $(k+H_p)$ までの有限区間を**予測ホライズン**といいます。この区間における制御対象の出力の予測値

$$\hat{y}(k+\ell|k), \qquad \ell = 1, 2, \ldots, H_p$$

を計算するために，内部モデルを利用します。

信号の未来値を予測する問題は，**時系列解析**の分野では**確率過程の予測問題**[5]として古くから研究されており，たとえば最小二乗法で最適な予測を行うことが可能です。それに対して，本書で考えている制御問題では，制御対象の出力予測値 $\hat{y}(k+\ell|k)$ は，予測ホライズンの区間，すなわち，現時刻から予測ホライズン先の未来に印加される入力

$$\hat{u}(k+\ell|k), \qquad \ell = 0, 1, \ldots, H_p - 1$$

にも依存します。そのため，未来の入力値が利用できないと，$\hat{y}(k+\ell|k)$ を正確に計算することができません。しかし，未来の入力の値を決めることが制御問題なので，未来の入力値は事前にはわかりません。この問題点に対処するために，つぎのような仮定をします。

$\boxed{\text{入力についての仮定}}$ 図 9.3 に示すように，入力 $u(k)$ は，予測ホライズンの最初の数ステップでは異なる値をとり，その後は一定値を取り続けると仮定します。この異なる値をとる部分を**制御ホライズン**と呼び，$H_u$ とおきます。この仮定より，通常，$H_p \geq H_u$ と設定します。モデル予測制御では，この異なる値をとる未来の入力値を最適化計算によって求めます。

---

[4] 制御対象の入出力データからモデリングを行う方法をシステム同定といいます。本書の続編のメインテーマの一つになります。

[5] これも本書の続編のメインテーマの一つです。

### 9.2.4　後退ホライズン

予測ホライズン $H_p$ と制御ホライズン $H_u$ は有限の値をとります。モデル予測制御では第 6 章で解説した最適制御のように無限時刻先までの最適化を行わず，各時刻において有限時刻先までの最適化を行います。これもモデル予測制御の特徴の一つです。

まず，現時刻 $k$ において予測ホライズン先までの $(k + H_p)$ 時刻区間で最適化を行って最適入力 $u(k)$ を決定します。つぎに，時刻が一つ進んだ時刻 $(k+1)$ では $(k + H_p + 1)$ までの時刻区間で最適化計算を行って最適入力 $u(k+1)$ を決定します。このように，現時刻から一定時刻先までの最適化を各時刻で繰り返していくことを**後退ホライズン**（receding horizon）[6]方策と呼びます（図 9.5 参照）。われわれが地平線（ホライズン）に向かって一歩進むと，地平線は一歩後退してしまい，また一歩進んでも同じように地平線は後退してしまいます（図 9.6 参照）。これを繰り返していっても，われわれと地平線の距離は一定のままで，決してわれわれは地平線に到達することはできない，ということとの類似性から後退ホライズンという用語が命名されました。

有限区間での最適化の考え方は，囲碁や将棋の戦い方に似ています。囲碁や将棋では，相手が今後どのような手を指すのかわからないので，その場その場の局面で最善手を考えます。初心者では数手先くらいまでしか読めませんが，名人ク

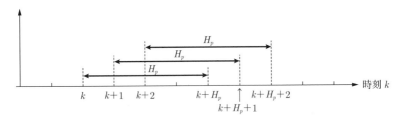

**図 9.5**　後退ホライズン方策の模式図

---

[6] 英語のままで receding horizon と呼ばれることが多いようです。この頭文字をとって，モデル予測制御のことを RH 制御と呼ぶこともあります。「後退」という用語はネガティブなイメージを持つためか，あまり使われていないようです。receding horizon の代わりに moving horizon（移動ホライズン）という用語が使われることもあります。

**図 9.6** 後退ホライズン方策の命名の由来：地平線に向かって進んで行っても地平線は後ずさりしていってしまう

ラスになると，たとえば 100 手先まで予測して，つぎの一手を指しているそうです。モデル予測制御の用語を使えば，強い人ほど，長い予測ホライズンでも高精度な内部モデルを持っていると解釈することができます。ここで，注意すべき点は，それぞれの局面における最善手（局所最適）が全体としても最善手（大域最適）とは限らないことです。すなわち，後退ホライズン方策では，その時点では最適であっても，全体における最適性は保証されないという問題点を持ちます。それに関連して，モデル予測制御では，閉ループシステムの安定性が必ずしも保証されません。特に，予測ホライズンの長さが短い場合には注意が必要です。

もう一つの例として，自動車を運転するときを考えます。一般道では，数キロメートル先のような非常に遠いところを見て運転する人はいないでしょう。通常，数十メートルから，長くても百メートル先を見て運転しているでしょう。このように自動車の運転も，後退ホライズン方策に基づくモデル予測制御の一例です。

### 9.2.5 制約の導入

実システムを制御するとき，アクチュエータの能力の制限のために，制御入力の大きさをある値より大きくできない状況に遭遇します。このようなとき，古典制御では試行錯誤を繰り返して，たとえば，PID コントローラの制御定数を調整します。また，最適制御では，評価関数の重み行列である $Q$ と $R$ の大きさを調整することによって，この問題に対応していました。

それに対して，モデル予測制御では，出力 $y(k)$，入力 $u(k)$，あるいは状態

$x(k)$ に関する制約を，**不等式制約条件**として，最適化問題に容易に導入することができます。簡単な例に**上下限制約**があります。たとえば，入力 $u(k)$ の値の下限が $u_{\min}$ で，上限が $u_{\max}$ のときには，不等式

$$u_{\min} \leq u(k) \leq u_{\max}, \qquad \forall k \tag{9.10}$$

で表される上下限制約を満たさなければなりません。制約条件を直接利用できることも，モデル予測制御の特徴の一つです。

## 9.3　モデル予測制御の基礎

### 9.3.1　モデル予測制御の制御目的

以上の準備のもとで，モデル予測制御の制御目的はつぎのようになります。

> **Point 9.1**　モデル予測制御の制御目的
>
> ある評価関数に対して，制御対象の出力 $y(k)$ が参照軌道 $r(k)$ に一致するような最適入力 $u(k)$ を，後退ホライズン方策のもとで各時刻において求めること。

予測ホライズンの区間のすべてにおいて，出力が参照軌道と完全に一致するような入力を選ぶことは，通常できません。そこで，以下ではモデル予測制御の仕組みを理解するために，最も簡単な設計問題，すなわち予測出力値 $\hat{y}(k)$ が，予測ホライズンの終点，すなわち時刻 $(k + H_p)$ における参照軌道 $r(k + H_p|k)$ と一致するように，入力 $u(k)$ を求める問題を考えます。これを「**単一の一致点を持つモデル予測制御問題**」と呼びます。問題をさらに簡単にするために，制御ホライズンを 1，すなわち，$H_u = 1$ とします。これは，前述した制御ホライズンの仮定より，

$$\hat{u}(k|k) = \hat{u}(k+1|k) = \cdots = \hat{u}(k + H_p - 1|k) \tag{9.11}$$

とおくことに対応します。この様子を図 9.7 に示します。

このとき，一致点における**設計方程式**は

$$\hat{y}(k + H_p|k) = r(k + H_p|k) \tag{9.12}$$

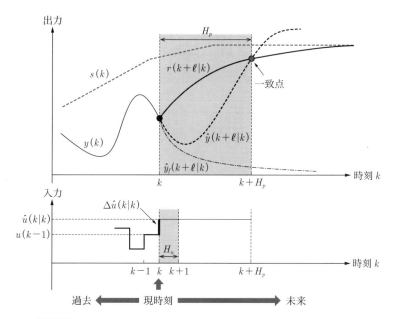

**図 9.7** 単一の一致点を持つモデル予測制御問題 ($H_u = 1$ の場合)

となります。ここで考えている問題は，式 (9.12) を満たすような制御入力 $u(k)$ を決定することです。

まず，現時刻 $k$ において利用可能な最新の入力 $u(k-1)$ が，そのまま印加され続けると仮定したときの制御対象の応答を**自由応答**と呼びます。予測ホライズン先の時刻 $(k + H_p)$ での制御対象の自由応答の予測値 $\hat{y}_f(k + H_p|k)$ は，内部モデルを用いて計算することができます。

つぎに，単位ステップ信号を制御対象に印加し，$H_p$ ステップ後の応答，すなわち，ステップ応答を $S(H_p)$ とおくと，線形システムを特徴づける**重ね合わせの理**より，

$$\hat{y}(k + H_p|k) = \hat{y}_f(k + H_p|k) + S(H_p)\Delta\hat{u}(k|k) \tag{9.13}$$

が成り立ちます。ただし，

$$\Delta\hat{u}(k|k) = \hat{u}(k|k) - u(k-1) \tag{9.14}$$

とおきました。

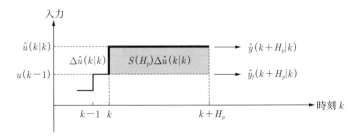

**図9.8** 重ね合わせの理を用いた予測出力の計算

図 9.8 を用いて，式 (9.13) の意味を説明しましょう。式 (9.13) の右辺第 1 項は自由応答を表し，第 2 項は入力変化量に対するステップ応答を表しています。言い換えると，第 1 項は入力に関係しない項であり，第 2 項は入力に関係する項です。これらを足し合わせれば，制御出力の予測値が計算できます。

式 (9.13) に式 (9.12) を代入して，$\Delta\hat{u}(k|k)$ について解くと，

$$\Delta\hat{u}(k|k) = \frac{r(k+H_p|k) - \hat{y}_f(k+H_p|k)}{S(H_p)} \tag{9.15}$$

が得られます。式 (9.14) より，制御入力 $\Delta\hat{u}(k|k)$ は

$$\hat{u}(k|k) = u(k-1) + \Delta\hat{u}(k|k) \tag{9.16}$$

となります。この場合，未知数は $\Delta\hat{u}(k|k)$ の一つであり，設計方程式は式 (9.12) の一つです。すなわち，未知数と方程式数が等しいので，式 (9.15) で与えた唯一解を得ることができました。

### 9.3.2　モデル予測制御の基本的な例題

本項では，基本的な数値例を通してモデル予測制御の理解を深めましょう。

例題 9.1 (単一の一致点を持つモデル予測制御)　伝達関数が

$$G(z) = \frac{2}{z - 0.7} \tag{9.17}$$

である離散時間システムを制御対象とします。現時刻を $k$ とし，つぎのような条件を設定します。

- サンプリング周期：$T_s = 3$〔s〕
- 目標値：$s(k) = 3$（大きさ 3 の一定値信号）
- 参照軌道：時定数 $T_{ref} = 9$〔s〕の指数関数
- 予測ホライズン：$H_p = 2$　$(= 6$〔s〕$)$
- 制御ホライズン：$H_u = 1$　$(= 3$〔s〕$)$
- 最新の入出力データ：$y(k) = 2, u(k-1) = 0.3$

以上の準備のもとで，予測ホライズン $H_p = 2$ ステップ先の 1 点のみを一致点とするモデル予測制御システムを構成する問題を考えます。

まず，モデル予測制御の計算を行うための準備をしておきましょう。

(1) **差分方程式表現の導出**　式 (9.17) の伝達関数表現における変数 $z$ を時間シフトオペレータ $q$ に書き換えて，時間領域での入出力関係を表すと，

$$y(k) = \frac{2}{q - 0.7} u(k) = \frac{2q^{-1}}{1 - 0.7q^{-1}} u(k) \tag{9.18}$$

となります。式 (9.18) の分母を払うと，入出力関係を記述する差分方程式

$$(1 - 0.7q^{-1})y(k) = 2q^{-1}u(k)$$
$$\therefore \ y(k) = 0.7y(k-1) + 2u(k-1) \tag{9.19}$$

が得られます。この例題では，制御対象の入出力信号は差分方程式 (9.19) にしたがって生成されると仮定します。

(2) **$\lambda$ の計算**　式 (9.7) より，$\lambda$ はつぎのようになります。

$$\lambda = e^{-T_s/T_{ref}} = 0.7165$$

(3) **一致点 $H_p$ におけるステップ応答 $S(H_p)$ の計算**　式 (9.15) を用いて制御入力を計算するためには，現時刻から予測ホライズン $H_p = 2$ ステップ先の一致点におけるステップ応答 $S(H_p) = S(2)$ の値が必要です。これは，単位ステップ信号を制御対象に印加して 2 ステップ後の出力信号の値です。式 (9.19) に初期値 $y(k) = y(k-1) = 0$ を代入し，単位ステップ信号 $u(k) = u(k+1) = 1$ を加えると，

$$S(1) = 0.7 \times 0 + 2 \times 1 = 2.0$$

$$S(2) = 0.7 \times 2.0 + 2 \times 1 = 3.4 \tag{9.20}$$

となり，$S(2) = 3.4$ が得られます。

モデル予測制御の基本的なアルゴリズムに慣れるために，時刻 $k = k$，$k+1$，$k+2$ のときの制御システムの振る舞いを手計算で求めていきましょう。

**【時刻 $k = k$ のとき】**

(i) **追従誤差** $\varepsilon(k) = s(k) - y(k) = 3 - 2 = 1$

(ii) **参照軌道** 式 (9.8) より，時刻 $k+1$ と $k+2$ での参照軌道の値は，それぞれつぎのように計算されます[7]。

$$r(k+1|k) = s(k+1) - \lambda\varepsilon(k) = 3 - 0.7165 \times 1 = 2.284$$
$$r(k+2|k) = s(k+2) - \lambda^2\varepsilon(k) = 3 - 0.7165^2 \times 1 = 2.487$$

(iii) **自由応答** 式 (9.11) のように，予測ホライズンの間，制御入力は利用可能な最新の値，$u(k-1)$ の値を取り続けると仮定します。すなわち，

$$u(k-1) = u(k) = u(k+1) = 0.3$$

とします。これらの値を用いて時刻 $k+1$ と $k+2$ での自由応答を計算すると，それぞれつぎのようになります。

$$\hat{y}_f(k+1|k) = 0.7y(k) + 2u(k) = 0.7 \times 2 + 2 \times 0.3 = 2.0$$
$$\hat{y}_f(k+2|k) = 0.7\hat{y}_f(k+1|k) + 2u(k) = 0.7 \times 2.0 + 2 \times 0.3 = 2.0$$

(iv) **最適入力** 式 (9.15) より，

$$\Delta\hat{u}(k|k) = \frac{r(k+2|k) - \hat{y}_f(k+2|k)}{S(2)} = \frac{2.487 - 2.0}{3.4} = 0.1432$$

が得られます。これより，時刻 $k$ において求めるべき最適入力は，

$$\hat{u}(k|k) = u(k-1) + \Delta\hat{u}(k|k) = 0.3 + 0.1432 = 0.4432 \tag{9.21}$$

となります。 ◇

---

[7] 以下の数値計算では，2.487 のように 4 桁の数字で表示します。実際に計算機の中ではそれよりも多くの桁数を使って保存され，計算されていますが，本書では四捨五入した数値を表示します。

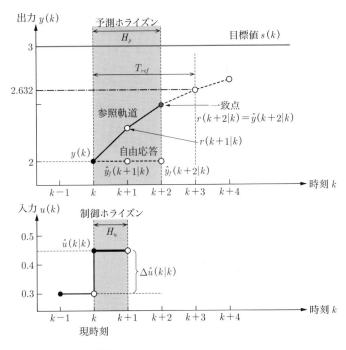

**図 9.9** 例題 9.1：時刻 $k = k$ のとき

以上の手順により得られた結果を図 9.9 に示します。上図に出力信号に関連する量を，下図に入力信号を示します。図より明らかなように，現時刻での出力 $y(k) = 2$ をただちに目標値 $s(k) = 3$ に追従させるのではなく，$y(k)$ から出発して指数的に目標値に向かう参照軌道 $r(k+\ell|k)$ に追従しようとしています。いま，指数関数の時定数は $T_\mathrm{ref} = 9$ 〔s〕（3 時刻ステップ）なので，時刻 $(k+3)$ における参照軌道の値は

$$r(k+3|k) = 2 + (3-2) \times 0.632 = 2.632$$

となります[8]。図 9.9 上図より，参照軌道と自由応答の差が大きいため，入力変化量 $\Delta\hat{u}(k|k)$ が大きな値となっていることが，下図からわかるでしょう。

つぎに，1 時刻進んだ $k = k + 1$ のときを考えましょう。

---

[8] 前著で勉強したように，1 次遅れ要素の時定数は最終値の 63.2 ％ に達する時間です。これは，$(2.632 - 2) \times 100 = 63.2$ ％ より確認できます。

【時刻 $k = k + 1$ のとき】 時刻 $k = k$ のときと同様に計算します。

(i) 出力信号 制御対象のモデルが制御対象と同一で，外乱が存在しなければ，1 時刻前のステップで求めた $u(k)$ より $y(k+1)$ は，

$$y(k + 1) = 0.7 \times 2 + 2 \times 0.4432 = 2.2864$$

のように計算できます。ここで，式 (9.19) を用いました。

(ii) 追従誤差 $\varepsilon(k+1) = s(k+1) - y(k+1) = 3 - 2.2864 = 0.7136$

(iii) 参照軌道

$$
\begin{aligned}
r(k + 2 | k + 1) &= s(k + 2) - \lambda \varepsilon(k + 1) \\
&= 3 - 0.7165 \times 0.7136 = 2.489 \\
r(k + 3 | k + 1) &= s(k + 3) - \lambda^2 \varepsilon(k + 1) \\
&= 3 - 0.7165^2 \times 0.7136 = 2.634
\end{aligned}
$$

(iv) 自由応答

$$
\begin{aligned}
\hat{y}_f(k + 2 | k + 1) &= 0.7 y(k + 1) + 2 u(k + 1) \\
&= 0.7 \times 2.286 + 2 \times 0.4432 = 2.487 \\
\hat{y}_f(k + 3 | k + 1) &= 0.7 \hat{y}_f(k + 2 | k + 1) + 2 u(k + 1) \\
&= 0.7 \times 2.487 + 2 \times 0.4432 = 2.627
\end{aligned}
$$

(v) 最適入力

$$
\begin{aligned}
\Delta \hat{u}(k + 1 | k + 1) &= \frac{r(k + 3 | k + 1) - \hat{y}_f(k + 3 | k + 1)}{S(2)} \\
&= \frac{2.634 - 2.627}{3.4} = 0.0019
\end{aligned}
$$

これより，時刻 $(k + 1)$ での最適入力は，

$$
\begin{aligned}
\hat{u}(k + 1 | k + 1) &= u(k) + \Delta \hat{u}(k + 1 | k + 1) = 0.4432 + 0.0019 \\
&= 0.4451
\end{aligned}
\tag{9.22}
$$

となります。 ◇

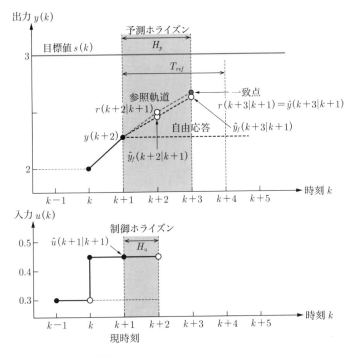

**図 9.10** 例題 9.1：時刻 $k = k + 1$ のとき

以上の手順により得られた結果を図 9.10 に示します。図 9.9 と異なり，上図より参照軌道と自由応答の差が小さいので，$\Delta \hat{u}(k+1|k+1)$ は 0.0019 と小さくなっています。

念のため，さらに 1 時刻進んだ $k = k + 2$ のときも計算しておきましょう。

## 【時刻 $k = k + 2$ のとき】

(i) **出力信号**　$y(k+2) = 0.7 \times 2.2864 + 2 \times 0.4451 = 2.4907$

(ii) **追従誤差**　$\varepsilon(k+2) = s(k+2) - y(k+2) = 3 - 2.4907 = 0.5093$

(iii) **参照軌道**

$$r(k+3|k+2) = s(k+3) - \lambda\varepsilon(k+2) = 2.635$$
$$r(k+4|k+2) = s(k+4) - \lambda^2\varepsilon(k+2) = 2.739$$

(iv) 自由応答

$$\hat{y}_f(k+3|k+2) = 0.7y(k+2) + 2u(k+2) = 2.634$$

$$\hat{y}_f(k+4|k+2) = 0.7\hat{y}_f(k+3|k+2) + 2u(k+2) = 2.734$$

(v) 最適入力

$$\Delta\hat{u}(k+2|k+2) = \frac{r(k+4|k+2) - \hat{y}_f(k+4|k+2)}{S(2)}$$

$$= \frac{2.739 - 2.734}{3.4} = 0.0014$$

これより，時刻 $(k+2)$ での最適入力は，

$$\hat{u}(k+2|k+2) = u(k+1) + \Delta\hat{u}(k+2|k+2)$$

$$= 0.4451 + 0.0014 = 0.4465 \tag{9.23}$$

となります。

以上の手順により得られた結果を図 9.11 に示しました。時刻 $(k+1)$ のとき と比べると，$\Delta\hat{u}$ の値がさらに小さくなっていることがわかります。 ◇

例題 9.1 で示した手順を繰り返すことによって，各時刻において最適入力を計 算することができます。ここで考えている問題は，制御対象とそのモデルはまっ たく同じであり，外乱が存在しないという理想的な状況を想定したことに注意し ましょう。

さて，連続時間の場合，伝達関数が $G(s)$ であるシステムの単位ステップ応答 の定常値は，$G(0)$ で与えられます。この事実は前著の Point 5.12 で，ラプラス 変換の最終値の定理を用いて導出されました。この $G(0)$ は定常ゲインとも呼ば れます。

これと同様に，離散時間の場合，伝達関数が $G(z)$ であるシステムの単位ス テップ応答の定常値は $G(1)$ で与えられます。これは第 7 章の表 7.2 で与えた $z$ 変換の性質 (5) の最終値の定理を用いて，つぎのように導くことができます。 いま，出力の定常値を $c$ とすると，

$$c = \lim_{k \to \infty} y(k) = \lim_{z \to 1}(1 - z^{-1})\mathcal{Z}[y(k)] = \lim_{z \to 1}(1 - z^{-1})G(z)\frac{1}{1 - z^{-1}}$$

$$= G(1) \tag{9.24}$$

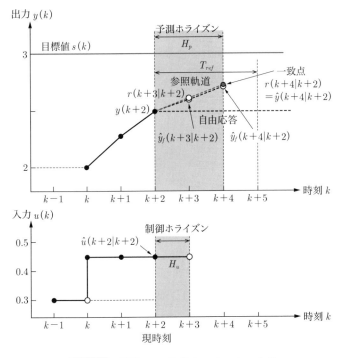

**図 9.11** 例題 9.1：時刻 $k = k + 2$ のとき

となり，この $c$ が定常ゲインになります。

例題 9.1 の制御対象の伝達関数は式 (9.17) で与えられたので，この制御対象の定常ゲインは，

$$G(1) = \frac{2}{1 - 0.7} = \frac{20}{3}$$

です。これより，大きさ 3 の一定値信号に追従するためには，定常状態において，大きさ

$$3 \div \frac{20}{3} = 0.45$$

の入力を印加すればよいことがわかります。これが，式 (9.21)〜(9.23)，あるいは図 9.11 下図より，ここで設計されたモデル予測制御の入力信号が 0.45 に近づいている理由です。

例題 9.1 で得られた結果をまとめておきましょう。

### Point 9.2　例題 9.1 で学んだこと

- 出力の未来値を予測し，それに基づいて最適入力を決定するためには，制御対象の内部モデルが必要です。この例題 9.1 では制御対象の離散時間伝達関数から差分方程式を導出し，それから計算したステップ応答の値を用いました。

- 一致点が一つで，制御ホライズンが 1 の場合には，最適化すべき入力変化量の数が 1 個で，設計方程式 (9.12) の数も 1 個です。このように，両者が等しいので唯一解を持ちます。

つぎの例題では，一致点の数を 2 個に増やしてみましょう。

例題 9.2 （二つの一致点を持つモデル予測制御）　ほとんどの実験条件は例題 9.1 と同じですが，一致点の数だけ 1 個から 2 個に増やした場合について考えていきましょう。ここでは，二つの一致点を $P_1$, $P_2$ とするとき，

$$P_1 = 1, \quad P_2 = H_p = 2$$

とします。このとき，現時刻 $k = k$ における最適制御入力 $u(k)$ を計算しましょう。

現時刻 $k$ のときの参照軌道は，例題 9.1 とまったく同じであり，

$$r(k+1|k) = s(k+1) - \lambda\varepsilon(k) = 2.284$$
$$r(k+2|k) = s(k+2) - \lambda^2\varepsilon(k) = 2.487$$

となります。つぎに，設計方程式は，

$$r(k+1|k) = \hat{y}_f(k+1|k) + S(1)\Delta\hat{u}(k|k)$$
$$r(k+2|k) = \hat{y}_f(k+2|k) + S(2)\Delta\hat{u}(k|k)$$

のように記述できます。これらの式をベクトルを用いて記述すると，

$$\begin{bmatrix} r(k+1|k) \\ r(k+2|k) \end{bmatrix} = \begin{bmatrix} \hat{y}_f(k+1|k) \\ \hat{y}_f(k+2|k) \end{bmatrix} + \begin{bmatrix} S(1) \\ S(2) \end{bmatrix} \Delta\hat{u}(k|k) \tag{9.25}$$

となります。ここで，$\Delta\hat{u}(k|k)$ 以外の量はすべて現時刻で利用可能な量から計算できます。この例題では，2 個の一致点で出力の予測値を参照軌道と一致させることを目的としているので，方程式が二つになりました。しかし，選べる変数は $\Delta\hat{u}(k|k)$ の一つだけです。このように，未知数が 1 個で方程式が 2 個のいわゆる**過決定問題**（overdetermined problem）になります。この問題は**最小二乗法**（least-squares method）を用いて解くことができます。

いま，

$$\mathcal{T} = \left[ \begin{array}{c} r(k+1|k) \\ r(k+2|k) \end{array} \right], \quad \mathcal{Y}_f = \left[ \begin{array}{c} \hat{y}_f(k+1|k) \\ \hat{y}_f(k+2|k) \end{array} \right], \quad \mathcal{S} = \left[ \begin{array}{c} S(1) \\ S(2) \end{array} \right] \quad (9.26)$$

とおくと，式 (9.25) は，

$$\mathcal{T} = \mathcal{Y}_f + \mathcal{S}\Delta\hat{u}(k|k) \tag{9.27}$$

となります。これより，

$$\mathcal{S}\Delta\hat{u}(k|k) = \mathcal{T} - \mathcal{Y}_f \tag{9.28}$$

が得られます。ここで，行列 $\mathcal{S}$ は正方ではないので，逆行列を用いて $\Delta\hat{u}(k|k)$ を計算することはできません。このような場合，正規方程式を経由して最小二乗推定値を求めることになります。最小二乗法の具体的な計算法について，つぎの Point 9.3 にまとめます。

MATLAB を利用されている読者は，つぎのように**バックスラッシュオペレータ** "\\" を用いることにより，最小二乗推定値を求めることができます。

$$\Delta\hat{u}(k|k) = \mathcal{S} \setminus (\mathcal{T} - \mathcal{Y}_f) \tag{9.29}$$

**Point 9.3** 最小二乗法

連立 1 次方程式

$$\boldsymbol{Ax} = \boldsymbol{b} \tag{9.30}$$

を考えます。ここで，$\boldsymbol{A}$ は $(n \times m)$ 行列，$\boldsymbol{b}$ は $(n \times 1)$ 列ベクトルで共に既知です。$\boldsymbol{x}$ は $(m \times 1)$ 列ベクトルで，これが求める未知数です。$n$ は方

程式の数で，$m$ は未知数の数であり，ここでは $n > m$ の**過決定問題**を考えます。

評価関数

$$J = \|Ax - b\|^2 = x^T A^T A x - 2x^T A^T b + b^T b \tag{9.31}$$

を最小にする $x$ を求める**最小二乗問題**を考えます。式 (9.31) を $x$ に関して偏微分して $0$ とおくと，

$$\frac{\partial J}{\partial x} = 2A^T A x - 2A^T b = 0 \tag{9.32}$$

が得られます。これより導かれる

$$(A^T A)x = A^T b \tag{9.33}$$

は**正規方程式**と呼ばれます。ここで，行列 $(A^T A)$ は $(m \times m)$ 正方行列になります。この行列が正定値であれば，最小二乗推定値は

$$\hat{x} = (A^T A)^{-1} A^T b \tag{9.34}$$

より計算できます。式 (9.34) を MATLAB で実行するコマンドが，バックスラッシュオペレータ（$\hat{x} = A \setminus b$）です。

さて，例題 9.2 の計算に戻りましょう。式 (9.27) に具体的な数値を代入すると，

$$\begin{bmatrix} 2.284 \\ 2.487 \end{bmatrix} = \begin{bmatrix} 2 \\ 2 \end{bmatrix} + \begin{bmatrix} 2 \\ 3.4 \end{bmatrix} \Delta \hat{u}(k|k) \tag{9.35}$$

となります。これより，

$$\begin{bmatrix} 2 \\ 3.4 \end{bmatrix} \Delta \hat{u}(k|k) = \begin{bmatrix} 0.284 \\ 0.487 \end{bmatrix} \tag{9.36}$$

が得られます。これは Point 9.3 の式 (9.30) に対応します。この問題の最小二乗推定値を求めるために，式 (9.33) より，式 (9.36) の両辺に左から行ベクトル $[2 \quad 3.4]$ を乗じると，

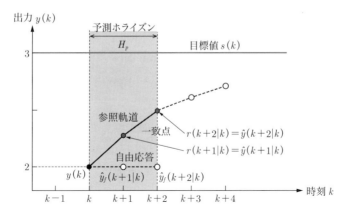

**図 9.12** 例題 9.2：時刻 $k = k$ のとき

$$\left[\begin{array}{cc} 2 & 3.4 \end{array}\right] \left[\begin{array}{c} 2 \\ 3.4 \end{array}\right] \Delta\hat{u}(k|k) = \left[\begin{array}{cc} 2 & 3.4 \end{array}\right] \left[\begin{array}{c} 0.284 \\ 0.487 \end{array}\right]$$

$$15.56\Delta\hat{u}(k|k) = 2.224 \tag{9.37}$$

となり，これを解くと，

$$\Delta\hat{u}(k|k) = 0.1429 \tag{9.38}$$

が得られます。これより，実際に制御対象に印加される最適入力は

$$u(k) = 0.3 + 0.1429 = 0.4429 \tag{9.39}$$

となります。　　　　　　　　　　　　　　　　　　　　　　　　　　◇

　この結果を一致点が 1 個だけだったときの式 (9.21) と比較すると，ほとんど同じ値であることがわかります。この簡単な例では，一致点の個数を一つ増やしても，最適入力の大きさはほとんど変化しませんでした。

　時刻 $k$ のときの出力信号に関連する量を図 9.12 に示します。$k = k+1$, $k+2$ の 2 点を一致点に取ったことだけが例題 9.1 と異なる点です。

　例題 9.2 で得られた結果をまとめておきましょう。

**Point 9.4** 例題 9.2 で学んだこと

- 制御ホライズンが 1 のとき，一致点を 2 個にすると，未知数より方程式の数の方が多い過決定問題になるため，モデル予測制御問題は最小二乗問題に帰着します。

- 最小二乗法は工学全般において利用されていますし，制御工学でもシステム同定やカルマンフィルタなどにおいて利用される標準的なツールなので，比較的理解が容易でしょう。

### 9.3.3　一般的な場合のモデル予測制御

本項では，これまでの例題 9.1, 9.2 よりも一般的な，制御ホライズン $H_u$ が 2 以上で，一致点が複数個の場合について考えましょう。

まず，制御ホライズン $H_u$ が 2 以上のときの入力を図 9.13 上図に示します。図では，$H_u = 4$ としました。このとき，入力は最初の $H_u$ ステップだけ変化することができます。すなわち，$\hat{u}(k|k)$, $\hat{u}(k+1|k)$, ..., $\hat{u}(k+H_u-1|k)$ を選ぶことが設計問題となります。また，図示したように，$H_u$ ステップ後は，予測

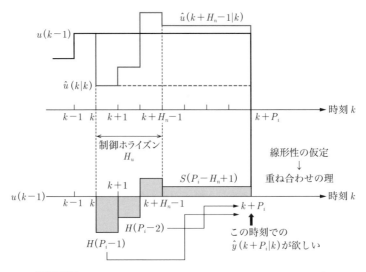

**図 9.13**　制御ホライズンが 2 以上の場合（式 (9.41) の解釈）

ホライズン $H_p$ まで $\hat{u}(k+H_u-1|k)$ の値を取り続けます。すなわち,

$$\hat{u}(k+H_u-1|k) = \hat{u}(k+H_u|k) = \cdots = \hat{u}(k+H_p-1|k) \tag{9.40}$$

とします。

つぎに,一致点を複数個にします。例題 9.1 で設定した $H_u=1$ で単一の一致点の場合の式 (9.13) は,$c$ 個の複数の一致点(これを,$P_i,\ i=1,2,\ldots,c$ とおきます)において

$$\begin{aligned}
\hat{y}(k+P_i|k) = {}&\hat{y}_f(k+P_i|k) + H(P_i)\left[\hat{u}(k|k) - u(k-1)\right]\\
&+ H(P_i-1)\left[\hat{u}(k+1|k) - u(k-1)\right] + \cdots\\
&+ H(P_i-H_u+2)\left[\hat{u}(k+H_u-2|k) - u(k-1)\right]\\
&+ S(P_i-H_u+1)\left[\hat{u}(k+H_u-1|k) - u(k-1)\right]
\end{aligned} \tag{9.41}$$

となります。ここで,$H(j),\ j=0,1,2,\ldots$ は制御対象のインパルス応答であり,ステップ応答 $S(j),\ j=0,1,2,\ldots$ を用いると,これは

$$H(j) = S(j) - S(j-1), \quad j=0,1,2,\ldots \tag{9.42}$$

より計算されます。

**Point 9.5** インパルス応答とステップ応答の関係

離散時間システムでは,ステップ応答を差分するとインパルス応答になり,逆に,インパルス応答を和分(離散時間積分)すると,ステップ応答になります。一方,連続時間システムにおいては,インパルス応答とステップ応答は微分・積分の関係で結ばれています。

さて,式 (9.41) の右辺第 1 項は入力に依存しない自由応答の項であり,第 2 項以降は入力による項です。そこで,以下では入力による項について図 9.13 を用いて説明しましょう。

図 9.13 上図は,時刻 $k$ から一致点 $(k+P_i)$ までの入力を示します。上図において,最新の入力 $u(k-1)$ を基準としたときの入力変化量を,各時刻で分割したものを図 9.13 下図に示します。分割された入力変化量をみると,$k=k, k+1,\ldots,k+H_u-2$ の時刻,すなわち,制御ホライズン $H_u$ の区間で

は，インパルス信号の形をしていますが，$k = k + H_u - 1$ 以降はステップ信号の形をしています。$H_u = 1$ の場合には，時刻 $k$ における入力のみを選んでいたので，ステップ信号だけしか現れなかったのです。

図 9.13 下図のように分割された入力変化量が，別々に制御対象に印加したものとして，それらによる出力を出し合わせて，入力変化量に対する応答を計算します。たとえば，時刻 $k$ では $\hat{u}(k|k) - u(k-1)$ の大きさのインパルス信号が印加されています。$P_i$ 時刻先の $(k + P_i)$ ではその入力変化量に対する出力は，インパルス応答 $H(P_i)$ で与えられます。そのため，式 (9.41) の右辺第 2 項は $H(P_i)[\hat{u}(k|k) - u(k-1)]$ となっています。$(k + 1)$ 以降の時刻についても同様にインパルス応答を用いて出力が計算できます。しかし，時刻 $(k + H_u - 1)$ ではステップ信号が印加されるので，それによる応答を計算すると，$S(P_i - H_u + 1)[\hat{u}(k + H_u - 1|k) - u(k-1)]$ になります。以上で計算した，入力変化量に対する応答に，自由応答 $\hat{y}_f(k + P_i|k)$ を加えて，一致点 $(k + P_i)$ における出力の予測値 $\hat{y}(k + P_i|k)$ を計算したのが式 (9.41) です。ここでは線形システムを対象としているので，**重ね合わせの理**が成り立つことを利用しました。

式 (9.41) 右辺はステップ応答とインパルス応答が混在しているので，式 (9.42) を式 (9.41) に代入して，ステップ応答 $S(\cdot)$ だけの表現にします。すると，

$$
\begin{aligned}
\hat{y}(k + P_i|k) = {} & \hat{y}_f(k + P_i|k) + S(P_i)\hat{u}(k|k) - S(P_i)u(k-1) \\
& - S(P_i - 1)\hat{u}(k|k) + S(P_i - 1)u(k-1) + S(P_i - 1)\hat{u}(k+1|k) \\
& - S(P_i - 1)u(k-1) - S(P_i - 2)\hat{u}(k+1|k) + S(P_i - 2)u(k-1) \\
& + S(P_i - 2)\hat{u}(k+2|k) - S(P_i - 2)u(k-1) - S(P_i - 3)\hat{u}(k+2|k) \\
& + S(P_i - 3)u(k-1) + \cdots + S(P_i - H_u + 1)\hat{u}(k + H_u - 1|k) \\
& - S(P_i - H_u + 1)u(k-1)
\end{aligned}
\tag{9.43}
$$

が得られます。これより，

$$
\begin{aligned}
\hat{y}(k + P_i|k) = {} & \hat{y}_f(k + P_i|k) + S(P_i)\hat{u}(k|k) - S(P_i)u(k-1) \\
& - S(P_i - 1)\hat{u}(k|k) + S(P_i - 1)\hat{u}(k+1|k) \\
& - S(P_i - 2)\hat{u}(k+1|k) + S(P_i - 2)\hat{u}(k+2|k) \\
& - S(P_i - 3)\hat{u}(k+2|k) + \cdots
\end{aligned}
$$

$$+ S(P_i - H_u + 1)\hat{u}(k + H_u - 1|k)$$
$$= \hat{y}_f(k + P_i|k) + S(P_i)\left[\hat{u}(k|k) - u(k - 1)\right]$$
$$+ S(P_i - 1)\left[\hat{u}(k + 1|k) - \hat{u}(k|k)\right]$$
$$+ S(P_i - 2)\left[\hat{u}(k + 2|k) - \hat{u}(k + 1|k)\right] + \cdots$$
$$+ S(P_i - H_u + 1)\left[\hat{u}(k + H_u - 1|k) - \hat{u}(k + H_u - 2|k)\right]$$
$$(9.44)$$

が得られます。いま，

$$\Delta\hat{u}(k + i + 1|k) = \hat{u}(k + i + 1|k) - \hat{u}(k + i|k) \tag{9.45}$$

と定義すると，式 (9.44) はつぎのように簡潔に書き直されます。

$$\hat{y}(k + P_i|k) = \hat{y}_f(k + P_i|k) + S(P_i)\Delta\hat{u}(k|k) + S(P_i - 1)\Delta\hat{u}(k + 1|k)$$
$$+ S(P_i - 2)\Delta\hat{u}(k + 2|k) + \cdots$$
$$+ S(P_i - H_u + 1)\Delta\hat{u}(k + H_u - 1|k) \tag{9.46}$$

$c$ 個の一致点 $P_1$, $P_2$, ..., $P_c$ で式 (9.46) が成り立たなければいけないので，それらを行列・ベクトルを用いて表現すると，

$$\mathcal{Y} = \mathcal{Y}_f + \Theta\Delta\mathcal{U} \tag{9.47}$$

が得られます。ここで，

$$\mathcal{Y} = \begin{bmatrix} \hat{y}(k+P_1|k) \\ \hat{y}(k+P_2|k) \\ \vdots \\ \hat{y}(k+P_c|k) \end{bmatrix}, \quad \Delta\mathcal{U} = \begin{bmatrix} \Delta\hat{u}(k|k) \\ \Delta\hat{u}(k+1|k) \\ \vdots \\ \Delta\hat{u}(k+H_u-1|k) \end{bmatrix} \tag{9.48}$$

$$\Theta = \begin{bmatrix} S(P_1) & S(P_1-1) & \cdots & S(1) & 0 & \cdots & 0 & 0 & \cdots & 0 \\ S(P_2) & S(P_2-1) & \cdots & \cdots & \cdots & \cdots & S(1) & 0 & \cdots & 0 \\ \vdots & \vdots & \vdots & \vdots & \vdots & \vdots & \vdots & \vdots & \vdots & \vdots \\ S(P_c) & S(P_c-1) & \cdots & \cdots & \cdots & \cdots & \cdots & \cdots & \cdots & S(P_c-H_u+1) \end{bmatrix} \tag{9.49}$$

とおきました。$\mathcal{Y}$ と $\mathcal{Y}_f$ は $(c \times 1)$ 列ベクトルであり，それぞれ出力予測値と出力の自由応答から構成されます。$\Theta$ はステップ応答から構成される $(c \times H_u)$ 行

列です。これら三つのベクトル，行列はすべて利用可能なデータから構成されます。一方，$\Delta \mathcal{U}$ は $(H_u \times 1)$ 列ベクトルであり，これが求めるべき未知ベクトルです。

モデル予測制御の目的は，すべての一致点において出力予測値と参照軌道を一致させること，すなわち，

$$\mathcal{Y} = \mathcal{T} \tag{9.50}$$

でした。ここで，

$$\mathcal{T} = \begin{bmatrix} r(k + P_1|k) \\ r(k + P_2|k) \\ \vdots \\ r(k + P_c|k) \end{bmatrix} \tag{9.51}$$

とおきました。例題 9.2 と同様に，この制御目的を厳密に達成することはできないので，最小二乗推定値

$$\Delta \mathcal{U} = \Theta \backslash (\mathcal{T} - \mathcal{Y}_f) \tag{9.52}$$

を求めることになります。これより得られた $\Delta \mathcal{U}$ は $H_u$ 個の要素から構成されますが，時刻 $k$ において必要なものは，その先頭要素である $\Delta \hat{u}(k|k)$ だけです。その $\Delta \hat{u}(k|k)$ を用いて制御対象に印加する入力を，

$$u(k) = \Delta \hat{u}(k|k) + u(k-1) \tag{9.53}$$

より計算します。ベクトル $\Delta \mathcal{U}$ の第 2 要素以降は，もったいないですが，時刻 $k$ において利用しません。

つぎの例題をとおして理解を深めましょう。

例題 9.3 （一致点が 2 個で，$H_u = 2$ の場合）　ほとんどの実験条件は例題 9.2 と同じとします。一点だけ，$H_u = 1$ を $H_u = 2$ と変更します。このとき，現時刻 $k = k$ における最適制御入力 $u(k)$ を計算しましょう。

一致点が 2 個なので，$c = 2$ です。また，$H_u = 2$ としたので，それぞれの時刻ステップで，$\hat{u}(k|k)$ と $\hat{u}(k+1|k)$ の最適値を計算することになります。このとき，式 (9.49) で定義した行列 $\Theta$ は，

$$\Theta = \begin{bmatrix} S(1) & 0 \\ S(2) & S(1) \end{bmatrix} = \begin{bmatrix} 2.0 & 0 \\ 3.4 & 2.0 \end{bmatrix}$$

となります。なお，$\mathcal{T}$, $\mathcal{Y}_f$, $\mathcal{S}$ は例題 9.2 とまったく同じです。

　この場合，選ばれるべき変数の数 2 は一致点の数である 2 と同じなので，行列 $\Theta$ は正方になります。さらにこの行列は正則です。よって，唯一解を求めることができます。

　いま，行列 $\Theta$ は下三角行列なので，連立方程式

$$\Theta \Delta \mathcal{U} = \mathcal{T} - \mathcal{Y}_f \tag{9.54}$$

は，**ガウスの消去法**を利用することにより，逆行列を計算することなく，容易に解くことができ，

$$\Delta \mathcal{U} = \begin{bmatrix} \Delta \hat{u}(k|k) \\ \Delta \hat{u}(k+1|k) \end{bmatrix} = \begin{bmatrix} 0.1420 \\ 0.0021 \end{bmatrix} \tag{9.55}$$

が得られます。この第一要素を用いると，制御対象に印加される最適入力は，つぎのようになります。

$$u(k) = \Delta \hat{u}(k|k) + u(k-1) = 0.1420 + 0.3 = 0.4420$$

この結果も例題 9.1, 9.2 で得られた結果とほとんど同じでした。　　　　$\diamondsuit$

　例題 9.3 で得られた結果をまとめておきましょう。

---

**Point 9.6**　例題 9.3 で学んだこととその展開

- 一致点が複数個で，制御ホライズンが 2 以上の場合においても，入力変化量を求める計算は，**最小二乗問題**に帰着します。

- この例題では入出力などに制約を設けませんでしたが，たとえば，アクチュエータの飽和などのように，これらの変数に制約がある場合には，最小二乗問題が**制約つき最小二乗問題**に変更されます。この場合，**QP**（Quadratic Programming：2 次計画）問題になります。QP 問題の解法として，アクティブセット法や内点法などがあります。

- しかし，各時刻において制約つき最適化問題を解かなければならないので，計算負荷の問題が生じます。

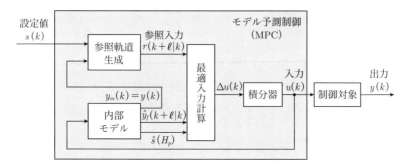

**図 9.14** モデル予測制御系の構造（モデル = 制御対象，外乱なしの場合）

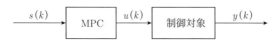

**図 9.15** モデル予測制御系は開ループ制御？

　これまで述べてきたモデル予測制御システムのブロック線図を図 9.14 に示します。なお，参照軌道の生成を行わない場合には，この図の参照軌道生成というブロックを削除すればよいです。このブロック線図では，モデルは制御対象と完全に一致しており，外乱は存在しないと仮定していることに注意しましょう。

　図 9.14 は図 9.15 のように書き直すことができます。図より明らかなように，これまで述べてきたモデル予測制御は，完全なモデルに基づいていると仮定していたので，制御出力 $y(k)$ のフィードバックループが存在しない**開ループ制御**になっていました。前著（p.18）で述べたように，フィードフォワード制御の基本は逆システムの構成であることを思い出すと，図 9.15 で MPC と記されたコントローラは，制御対象の何らかの逆システムに対応すると考えることもできます。

　以上，三つの例題から得られた結果をまとめておきましょう。

**Point 9.7** 例題 9.1〜9.3 で学んだこと

- モデル予測制御を用いるためには，一致点におけるステップ応答の値と，それらの一致点における自由応答が計算できる，制御対象の内部モデルが必要です。

- これらの例題では，その内部モデルとして，差分方程式に基づく離散時間モデルを利用しました。離散時間モデル以外でも，ステップ応答やインパルス応答モデルや連続時間モデルなど，実時間よりも高速で動作するシミュレーションモデルがあれば出力の予測値を計算することができるでしょう。しかし，離散時間モデルは容易に利用できるため，これが利用されることが多いです。

- モデル予測制御では，フィードバック制御則という規則を決めているのではなく，制御ホライズンにおける現在から有限個先までの入力の最適値を，最適化手法により直接計算しています。たとえば，第 6 章で述べた最適制御では，制御入力は状態フィードバック制御則

$$u(k) = -\boldsymbol{f}^T \boldsymbol{x}(k) \tag{9.56}$$

の形式をとりました。制御対象のモデルに基づいて，この $\boldsymbol{f}$ がオフラインで決定されれば，どのような状態 $\boldsymbol{x}(t)$ に対しても，式 (9.56) の規則にしたがって最適入力を計算できます。それに対して，モデル予測制御では，現時刻における実際の入力変化量の値 $\Delta u(k)$ を最適化すべき変数の一つとして，直接，最適化計算によりオンラインで求めています。

- 図 9.15 より明らかなように，これまで述べてきたモデル予測制御は開ループ制御です。したがって，モデルと制御対象の不一致に起因するモデル化誤差が存在したり，外乱が存在する場合には，それらの影響を低減化するフィードバック機構をモデル予測制御系に加える必要があります。

- 一致点，予測ホライズンの長さ，制御ホライズンの長さをどのように選ぶのかは，チューニングパラメータの問題であり，これについては後述します。

## 9.4　外乱とモデルの不確かさへの対応

### 9.4.1　モデルの不確かさ

　これまでの問題設定では，内部モデルは現実の制御対象とまったく同じであると仮定しました。しかし，実際にはこの仮定が満たされることはありません。たとえモデルの構造が制御対象と同じであっても，そのモデルのパラメータ（たとえば力学システムであれば，質量や減衰係数やバネ定数）の値が正確にはわからないかもしれません。また，モデルに含まれないダイナミクスの影響を無視できないかもしれません。すなわち，制御のためのモデルは制御対象の主要なダイナミクスを近似しているに過ぎず，モデルには必ず何らかの**不確かさ**（uncertainty）が存在します。逆に言えば，制御対象の主要な部分をいかに簡単な形式で**モデリング**するかが，制御のためのモデリングの重要なポイントになります。これについては次回作でお話ししたいと考えています。

　本書の前半で解説した現代制御では，制御対象は状態空間表現によって完全にモデリングできることを暗黙のうちに仮定していました。現代制御が理論的に完成された 1970 年代には，さまざまな分野において，現代制御が実問題に適用されました。しかし，思い通りに動作しない例も報告されました。当時の制御の学会では，「現代制御は実問題に使えないのではないだろうか？」という議論がしばしばされていました。

　このことを発端にして，1980 年ころから制御対象のモデルは完全なものではなく，不確かさを持つという，冷静に考えれば当たり前のことが制御の世界で広く認識されました。このような不確かさを考慮した現実的な制御系設計法が**ロバスト制御**であり，これは制御理論における重要なテーマの一つで，1980 年代から精力的に研究開発が進められてきました。

　モデルの不確かさの要因についてつぎにまとめておきましょう。

---

**Point 9.8**　モデルの不確かさの主な要因

(1) 非線形システムを線形システムで近似したときの**線形化誤差**

(2) 偏微分方程式で記述される分布定数システムを，常微分方程式で記述さ

れる集中定数システムで近似したときの**集中化誤差**

(3) 高次システムを低次システムで近似したときの**低次元化誤差**あるいは，**系統誤差**

(4) 時変システムを時不変システムで近似したときの誤差

(5) モデルを構成するパラメータ値の推定誤差，測定誤差

(6) システム雑音や観測雑音などによる**確率的誤差**

(7) 連続時間システムを離散時間システムで記述したときの**離散化誤差**

(8) データの値を有限語長で量子化したときの**量子化誤差**

　今後，ロバスト制御を勉強される読者は，この Point 9.8 で列挙したモデルの不確かさの要因を理解しておくことが大切でしょう[9]。

　ここでは，Point 9.8 (5) のパラメータ値のずれによるモデルの不確かさを，つぎの簡単な例を通してみていきましょう。制御対象の伝達関数として離散時間 2 次系

$$G_p(z) = \frac{1}{z^2 - 1.4z + 0.45} \tag{9.57}$$

を考えます。このシステムは単位円内に二つの極 $z = 0.5,\ 0.9$ を持つ安定システムです。この制御対象のモデルとして，同じ 2 次系ですが，分母の $z^0$ の係数パラメータが 0.01 だけずれたものを考えます。すなわち，

$$G_m(z) = \frac{1}{z^2 - 1.4z + \mathbf{0.46}} \tag{9.58}$$

とします。この例では，制御対象とモデルは同じ構造で，そのパラメータ値の違いもほんのわずかなので，モデルの不確かさはほとんどないように思えます。

　いま，制御対象とモデルの定常ゲインをそれぞれ $g_p, g_m$ とおくと，式 (9.24) より，それらはつぎのように計算されます。

$$g_p = G_p(1) = \frac{1}{1 - 1.4 + 0.45} = 20 \tag{9.59}$$

$$g_m = G_m(1) = \frac{1}{1 - 1.4 + 0.46} = 16.7 \tag{9.60}$$

---

[9] ロバスト制御については巻末の参考文献を参照してください。

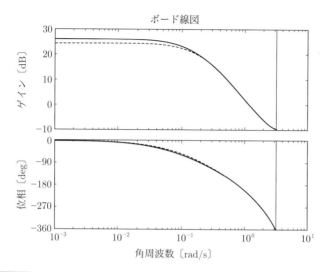

**図 9.16** 周波数領域におけるモデルの不確かさ（実線：制御対象（$G_p$），破線：モデル（$G_m$））

このように，伝達関数のパラメータ値のわずかなずれが，定常ゲインの大きな差を引き起こすことがあります。図 9.16 に制御対象 $G_p(z)$ とモデル $G_m(z)$ の周波数伝達関数を図示します。下図より，モデルと制御対象の位相特性はほぼ一致していますが，上図より，低周波数帯域で両者にはゲイン特性の差があることがわかります。モデルの伝達関数の係数パラメータがちょっとずれただけでも，周波数領域では大きな差になってしまう可能性があることに注意しましょう。

　つぎに，このモデルのずれによって，制御システムがどのような影響を受けるのかを見ていきましょう。このモデル $G_m(z)$ を用いて，$H_p = 8$ を単一の一致点として，モデル予測制御システムを設計します。ここで，$T_s = 0.6$〔s〕，$T_{ref} = 6$〔s〕，$H_p = 8$，$H_u = 1$ としました。また，目標値は $s(k) = 1$ の単位ステップ信号とし，すべての初期値を 0 としました。

　制御システムのシミュレーションは，真の制御対象 $G_p(z)$ に対して行います。その結果を図 9.17 に示します。図から明らかなように，出力信号は目標値に追従しておらず，定常状態において大きな偏差が生じました。伝達関数の分母パラメータの一つが 0.01 だけ異なっていても，このような結果が起こります。

　この結果が生じた理由は，図 9.14 より明らかです。なぜならば，いま用いて

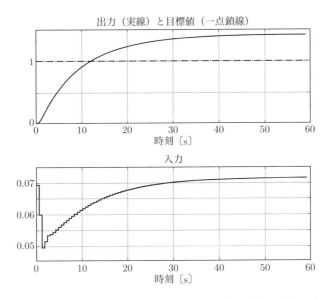

**図 9.17** モデルと制御対象が一致していない場合の制御結果（上：出力，下：制御入力）

いるモデル予測制御は開ループ制御だからです。この問題を解決するためには，**外乱やモデルの不確かさ**（これも外乱とみなすことができます）を補償するためのフィードバック機構をモデル予測制御システムに組み込む必要があります。

### 9.4.2 外乱推定器の利用

モデルの不確かさに対する最も簡単で，しかも実用的な対応策は，現時刻での制御対象の出力とモデル出力の差を計算し，一致点においてこの差を参照軌道から引くことです。すなわち，

$$d(k) = y(k) - \hat{y}(k|k-1) \tag{9.61}$$

と定義し，式 (9.52) の代わりに次式を用います。

$$\Delta \mathcal{U} = \Theta \backslash (\mathcal{T} - \mathbf{1}d(k) - \mathcal{Y}_f) \tag{9.62}$$

ここで，

$$\mathbf{1} = \begin{bmatrix} 1 & 1 & \cdots & 1 \end{bmatrix}^T$$

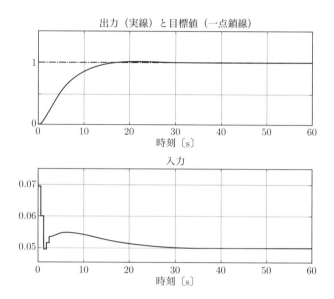

**図 9.18** モデルと制御対象が一致していない場合に外乱推定器を適用した制御結果（上：出力，下：制御入力）

とおきました．行列 $\Theta$ を構成するステップ応答の値はモデルにより計算されたものであることに注意します．というのは，モデルに不確かさが存在する場合，真の制御対象のステップ応答の値は利用できないからです．ここでは，**制御対象とモデルの差**，すなわち，**モデルの不確かさはすべて定常ゲインの差によるものである**という考え方に基づいています．これは，最も簡単な**外乱推定法**であり，このような機能を持つものは**外乱オブザーバ**と呼ばれます．また，モデル予測制御の世界では，この方法は **DMC 法**と呼ばれることもあります．外乱推定器を用いた結果を図 9.18 に示します．図より，定常偏差が生じることなく，制御対象の出力が目標値に追従していることがわかります．

制御対象が定常値を持たないと，このような対応策はとれません．すなわち，ここで説明した方法は，安定な制御対象に対するものであり，不安定システムへの対処法については次項で与えます．

以上では，制御対象とモデルの定常ゲインが異なる場合について考えました．制御対象の入力あるいは出力に加わる加法的な未知の一定値外乱に対しても，同

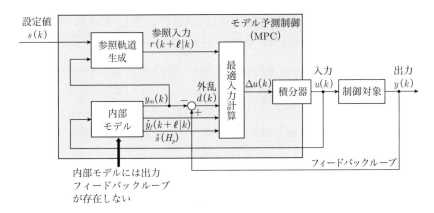

**図 9.19** 外乱推定器を用いたモデル予測制御システムの構造

様な方法で一定の目標値へ，定常偏差なしで追従することができます。この方法の考え方は，現時刻における制御出力とモデル出力の差を，すべて制御出力に加わる一定値外乱とみなすことです。この方法は，すべてのモデル予測制御の製品で利用されています。

外乱推定器を用いたモデル予測制御システムのブロック線図を図 9.19 に示します。図 9.14，9.15 では制御対象の出力 $y(k)$ からのフィードバックが存在しませんでしたが，今回は，出力からのフィードバックループがあります。しかし，それは外乱 $d(k)$ の推定値を補正するためのものであり，内部モデルのブロックには出力からのフィードバックは依然として存在していません。すなわち，この場合も内部モデルは開ループで動作しています。

### 9.4.3 不安定システムに対する再編成モデルの適用

前項までは制御対象は安定であり，モデルは制御対象と独立であると仮定しました。すなわち，図 9.14 や図 9.19 に示したように，制御対象の出力を内部モデルにフィードバックしない開ループ制御システムでした。モデル予測制御は，石油化学産業などの**プロセス制御**の世界で誕生して，発展してきました。このような分野の制御対象はほとんどが安定なシステムだったので，独立なモデルの利用で問題がなかったのかもしれません。

しかし，プロセス制御以外の，たとえば本書の前半で用いた倒立振子のよう

なメカニカルシステムの制御問題にモデル予測制御を適用する場合，不安定システムへの対応は必要になります。制御対象が不安定の場合，対応するモデルも不安定になるので，開ループのままだと信号が発散してしまい，内部モデルが予測器の役割を果たすことができなくなってしまいます。本項では，この問題に対処するために，モデルを安定化する方法である**再編成モデル**を導入します。このモデルでは，制御対象のふるまいを予測するとき，初期条件をモデルからではなく，制御対象の出力信号を用いて計算します。

不安定モデルが差分方程式

$$y_m(k) = -\sum_{i=1}^{n} a_i y_m(k-i) + \sum_{i=1}^{n} b_i u(k-i) \tag{9.63}$$

で記述されているとします。ここで，$y_m(k)$ はモデル出力を表します。制御対象の出力を $y(k)$ とするとき，再編成モデルでは，次式にしたがって出力を予測します。

$$\hat{y}(k+1|k) = -\sum_{i=1}^{n} a_i y(k+1-i) + b_1 \hat{u}(k|k) + \sum_{i=2}^{n} b_i u(k+1-i) \tag{9.64}$$

$$\hat{y}(k+2|k) = -a_1 \hat{y}(k+1|k) - \sum_{i=2}^{n} a_i y(k+2-i)$$

$$+ b_1 \hat{u}(k+1|k) + b_2 \hat{u}(k|k) + \sum_{i=3}^{n} b_i u(k+2-i) \tag{9.65}$$

$$\vdots$$

このように，出力予測値を計算するときに，モデル出力ではなく，制御対象の過去の出力値を使用します。この方法によってつねにモデルを安定化することができます。

しかし，再編成モデルを利用することで，閉ループシステムが安定化されるとは限りません。式 (9.64) によりモデル予測コントローラにフィードバックが導入されましたが，これは外乱推定器を用いたときの式 (9.61) とは異なるフィードバックであることに注意しましょう。再編成モデルを用いたモデル予測制御システムのブロック線図を図 9.20 に示します。いままでのブロック線図と異なり，

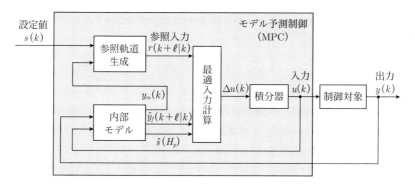

**図 9.20** 再編成モデルを用いたモデル予測制御システムの構造

制御対象の出力がフィードバックされて内部モデルに入力されています。

　再編成モデルの問題点は，前節で紹介した外乱推定器による方法で定常偏差を 0 にできないことです。再編成モデルを用いたときに定常偏差を 0 にするためには，古典制御で勉強した**内部モデル原理**に基づいてコントローラ内に積分動作を陽に構成すればよいのですが，これは以前ほど容易な作業ではありません。再編成モデルは，モデル予測制御の中で最もよく知られている方法の一つである**一般化予測制御**（Generalized Predictive Control：GPC）で用いられています。

## 9.5　産業界におけるモデル予測制御

### 9.5.1　プロセス産業におけるモデル予測制御

　本項では，モデル予測制御（MPC）がプロセス産業で成功した理由を箇条書きでまとめておきましょう。

1. **MIMO 制御問題への拡張性**　PID 制御に代表される古典制御は SISO システムに対するものであり，MIMO システムへの拡張は通常，困難です。それに対して，MPC は状態空間モデルに基づいているので，現代制御と同様に MIMO システムに容易に拡張できます。たとえば，プロセス制御では，数百ループが存在するプラントを制御対象とすることもあります。

2. **制約の導入**　前述したように，従来の制御法ではアクチュエータの飽和のような制約を陽に考慮することはできませんでした。それに対して，モデル予測制御ではそのような制約を**不等式制約条件**として陽に定式化に組み込むことができます。

　モデル予測制御は**非線形制御**なので，従来の制御と比べて，制御出力の制約の限界に近いところで操業[10]することができます。これは制御の効率や生産性の観点から大きな利点になります。図 9.21 にモデル予測制御の利用によって可能な目標値の設定の改善例を示します。図示したように制御対象の出力である温度に対して，1000°C という上限値の制約がある場合を想定しました。この例では，出力が 1000°C 付近に制御できると生産性が増すのですが，この温度以上になってしまうと装置が壊れてしまうという状況を想定しています。

　本書の範囲を超えてしまいますが，正規性の確率的な外乱を仮定しました。Linear Quadratic Gaussian（LQG）制御のような線形最適制御で

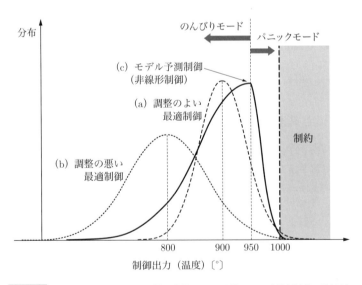

**図 9.21**　モデル予測制御は非線形制御 (a) 調整のよい最適制御（破線），(b) 調整の悪い最適制御（点線），(c) モデル予測制御（非線形制御）（実線）

---

[10] 実際に現場で制御することです。

は，この上限値制約を超えないように，余裕を持って，たとえば 900°C を目標値として制御システムを設計します。制御出力を 900°C 以上に増加させてしまう外乱に対しても，その逆の 900°C 以下に減少させる外乱に対しても，線形制御では符号が異なるだけで同じように対応するので，図では 900°C を中心とした正規分布を図示しました。調整のよい最適制御では，図中の (a) のように，この正規分布の幅を狭くできます。一方，調整が悪い場合には，分布の形状が (b) のように，なだらかなものになってしまいます。そのとき，上限値制約を破らないように，安全性の余裕を見積もって目標値を，1000°C から遠く離れた，たとえば 800°C にしなければならず，当然，制御性能は劣化してしまいます。

それに対して，モデル予測制御では，(c) に示したように，分布の形状が右では鋭く，左ではなだらかになるような非線形制御システムを構成することができます。そのため，目標値をたとえば 950°C まで高くすることができます。950°C 以上になるような「危険な」外乱に対しては素早く制御を行えるような「パニックモード」で，950°C 以下になるような「安全な」外乱に対しては「のんびりモード」で対応するように，臨機応変な対応が可能になります。

3. **領域目的の導入**　たとえば，石油精製の工程で使われる分別蒸留器と呼ばれる装置にはバッファタンクが組み込まれています。これは，一つのユニットにおける外乱の影響を吸収し，その影響が下流のユニットまで伝播することを防ぐ役目を果たしています。このバッファタンクが空になったり，満タンになってはいけませんが，タンク内に液体が入っていればよいという，大まかな制御目的を考えます。この例のように，ある領域に入っていればよいという，**領域目的**が現実の制御問題では存在します。しかし，従来の制御法では，目標値に対して定常偏差を 0 にしたり，ある値より小さくすることに関心が払われていたため，このような漠然とした仕様を満たすコントローラを実現することは難しかったのです。モデル予測制御では，不等式制約を用いることにより領域目的に対処することができます。

4. **制御対象の特徴**　プロセス産業では，制御周期が比較的長い（たとえば，

秒～分，あるいは時間のオーダー）ので，計算機の処理速度が遅い時代に
あっても，オンライン最適化計算に十分時間をとることができました。

5. **モデル予測制御製品を販売するベンダーの存在**　制御理論家と制御を利用
する現場の技術者の間には，従来から現在に至るまで大きなギャップがあ
ります。そのギャップを埋めるためには，双方の歩み寄りが重要なのです
が，両者がその認識を持っていてもなかなか実行できないのが現実です。
モデル予測制御では，モデル予測制御と現場の間に，ベンダー（納入業者）
という双方の言葉（方言）が理解でき，具体的に現場でモデル予測制御製
品の実装に立ち会える人が存在します。**理系の方言問題**[11]を解決できる
ベンダーの存在は，非常に大きいのです。

## 9.5.2　プロセス産業におけるモデル予測制御の役割

石油化学産業のようなプロセス産業では，プラント全体の最適化を行うため
に，図 9.22 に示すような階層構造をとります。プラント全体の静的目標値の最
適化を，たとえば 1 日のオーダーで行います。それをもとに，工場にあるさまざ
まな装置，たとえば，温度制御システム，圧力制御システム，流量制御システム
などといった**ローカルループ**と呼ばれるシステムへの目標値を与える必要があり

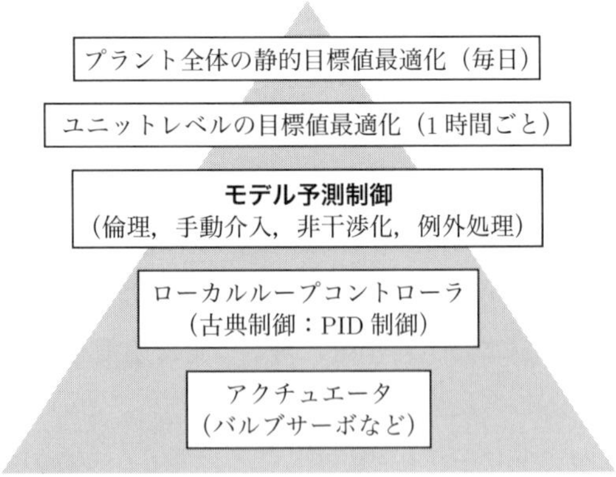

図 9.22　プロセス産業におけるモデル予測制御の利用法

---

[11] 前著のコラム 3.2 を参照してください。

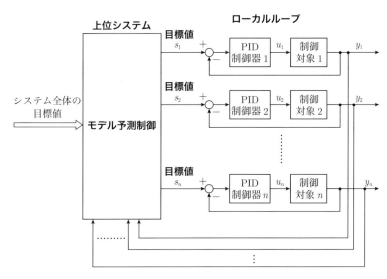

**図 9.23**　モデル予測制御の位置づけ：上位系とローカルループ

ます。この目標値を与える頻度は，たとえば数分〜1時間くらいでしょう。このように，さまざまな階層で，異なる時間スケールで制御する必要があります。

　モデル予測制御が，ローカルループの目標値設定の役割を果たすことを図 9.23 に示しました。与えられた目標値に追従するように，ローカルループ（下位層）では PID 制御のような古典制御が動作します。通常，そのサンプリング周期は秒以下のオーダーです。

　以上で説明したように，プロセス制御では図 9.22 に示したそれぞれの階層において，異なるサンプリング周期で，さまざまな制御システムが動作しています。

## 9.6　モデル予測制御システムの設計

　本節では，状態空間表現で記述された MIMO 離散時間線形システムに対して，第6章で解説した最適制御を用いて，モデル予測制御システムを設計する方法を与えます。

### 9.6.1 評価関数

制御対象は $\ell$ 入力, $m$ 出力, $n$ 状態の MIMO 離散時間線形システムとし, その状態空間表現が

$$\boldsymbol{x}(k+1) = \boldsymbol{A}\boldsymbol{x}(k) + \boldsymbol{B}\boldsymbol{u}(k) \tag{9.66}$$

$$\boldsymbol{y}(k) = \boldsymbol{C}\boldsymbol{x}(k) \tag{9.67}$$

であるとします。ここで, 直達項 $\boldsymbol{D}$ は存在しないとします。

モデル予測制御では, 最適制御を行うための評価関数を

$$V(k) = \sum_{i=H_w}^{H_p} \|\hat{\boldsymbol{y}}(k+i|k) - \boldsymbol{r}(k+i|k)\|_{Q(i)}^2 + \sum_{i=0}^{H_u-1} \|\Delta\hat{\boldsymbol{u}}(k+i|k)\|_{R(i)}^2 \tag{9.68}$$

とします。ここでは2次形式を以下のように略記しました。

$$\boldsymbol{x}^T\boldsymbol{A}\boldsymbol{x} = \|\boldsymbol{x}\|_A^2 \tag{9.69}$$

式 (9.68) より, 評価関数 $V$ は, 制御出力 $\hat{\boldsymbol{y}}(k+i|k)$ と参照軌道 $\boldsymbol{r}(k+i|k)$ の差に半正定値行列 $\boldsymbol{Q}(i)$ で重みづけしたものと, 入力変化量 $\Delta\hat{\boldsymbol{u}}(k+i|k)$ に正定値行列 $\boldsymbol{R}(i)$ で重みづけしたものから構成されています。ここで, $H_w$ はむだ時間に対応する量で, 窓パラメータと呼ばれます。

式 (9.68) の右辺第1項より, 予測ホライズン $H_p$ は $H_p > H_w$ を満たさなければなりません。むだ時間 $H_w$ より短い区間には入力の影響が表れないからです。また, 制御ホライズン $H_u$ は $H_u \leq H_p$ を満たすとします。前述したように $i \geq H_u$ に対して $\Delta\hat{\boldsymbol{u}}(k+i|k) = 0$ とします。すなわち, すべての $i \geq H_u$ に対して $\hat{\boldsymbol{u}}(k+i|k) = \hat{\boldsymbol{u}}(k+H_u-1|k)$ が成り立つとします。

第6章で説明した最適制御は連続時間システムを対象としていたため, 評価関数を

$$\begin{aligned} J &= \int_0^\infty \left[\boldsymbol{x}^T(t)\boldsymbol{Q}\boldsymbol{x}(t) + \boldsymbol{u}^T(t)\boldsymbol{R}\boldsymbol{u}(t)\right] \mathrm{d}t \\ &= \int_0^\infty \left[\|\boldsymbol{x}(t)\|_Q^2 + \|\boldsymbol{u}(t)\|_R^2\right] \mathrm{d}t \end{aligned} \tag{9.70}$$

のように積分を用いて与えました。本章では，離散時間システムを対象としているので，この評価関数は

$$J = \sum_{k=0}^{\infty} \left[ \|\boldsymbol{x}(k)\|_Q^2 + \|\boldsymbol{u}(k)\|_R^2 \right] \tag{9.71}$$

に対応します。

　式 (9.68) を式 (9.71) と比較すると，大きく異なる点が二つあります。一つ目は，モデル予測制御では，最適化すべき区間が無限大でなく，予測ホライズン，あるいは制御ホライズンの長さに対応した有限長であることです。二つ目は，従来の最適制御では制御入力 $u$ に関して最適化を行っていたのに対して，モデル予測制御では入力変化量 $\Delta\hat{\boldsymbol{u}}(k+i|k)$ に関して最適化を行っていることです。

　式 (9.74) の右辺第 1 項では，$H_w \le i \le H_p$ 内のすべての点で，偏差ベクトル $\hat{\boldsymbol{y}}(k+i|k) - \boldsymbol{r}(k+i|k)$ に重みをかけているように見えますが，9.3 節の例題で学んだように，単一の一致点，あるいは数個の一致点でのみ，偏差ベクトルを評価することもできます。これは，指定した一致点以外の $i$ に対して $\boldsymbol{Q}(i) = \boldsymbol{0}$ とおくことに対応します。

　評価関数 (9.68) より，モデル予測制御では，つぎの量を事前に決定しておく必要があります。これらは**調整パラメータ**（tuning parameter）と呼ばれます。

- 予測ホライズン（$H_p$），制御ホライズン（$H_u$），窓パラメータ（$H_w$）
- 重み行列：$\boldsymbol{Q}(i)$, $(i = H_w, H_w + 1 \ldots, H_p)$, $\boldsymbol{R}(i)$, $(i = 0, 1, \ldots, H_u - 1)$
- 参照軌道：$\boldsymbol{r}(k+i|k)$

第 6 章の最適制御と比べると，明らかに調整すべきパラメータが増加しました。これらの選定法について，例題を通して解説しましょう。

---

例題 9.4 （重み行列 $\boldsymbol{Q}(i)$ の設定法）　制御出力が $y_1$ と $y_2$ である 2 出力システムに対して，つぎのような条件を設定します。

　予測ホライズンを $H_p = 3$ とします。つぎに，一致点については，$y_1$ に対しては $i = 2$ の 1 ヶ所とし，$y_2$ に対しては $i = 2$ と $i = 3$ の 2 ヶ所とします。また，$y_2$ のほうが $y_1$ よりも重要なので，$y_1$ の偏差よりも，$y_2$ のそれに強い重みをかけることにします。そして，$H_w = 1$ とします。

このとき，重み行列 $\boldsymbol{Q}(i)$ として，つぎのような行列が考えられます。

$$\boldsymbol{Q}(1) = \begin{bmatrix} 0 & 0 \\ 0 & 0 \end{bmatrix}, \quad \boldsymbol{Q}(2) = \begin{bmatrix} 1 & 0 \\ 0 & 2 \end{bmatrix}, \quad \boldsymbol{Q}(3) = \begin{bmatrix} 0 & 0 \\ 0 & 2 \end{bmatrix} \tag{9.72}$$

◇

通常の最適制御の場合と同じように，モデル予測制御でも重み行列 $\boldsymbol{Q}(i)$ と $\boldsymbol{R}(i)$ は対角行列に設定されます。

## 9.6.2 線形不等式を用いた制約の表現

入力変化量 $\Delta u$，入力 $u$，そして出力 $y$ に対する制約の表現の標準形を

$$\boldsymbol{E} \begin{bmatrix} \Delta \mathcal{U}(k) \\ 1 \end{bmatrix} \leq \boldsymbol{0} \tag{9.73}$$

$$\boldsymbol{F} \begin{bmatrix} \mathcal{U}(k) \\ 1 \end{bmatrix} \leq \boldsymbol{0} \tag{9.74}$$

$$\boldsymbol{G} \begin{bmatrix} \mathcal{Y}(k) \\ 1 \end{bmatrix} \leq \boldsymbol{0} \tag{9.75}$$

としましょう[12]。これらの表現は**線形行列不等式**（linear matrix inequality：LMI）表現と呼ばれます。ここで，$\boldsymbol{E}$ は $(n_1 \times (H_u + 1))$ 行列であり，$n_1$ は $\Delta u$ についての実質的な制約の数です。$\boldsymbol{F}$ は $(n_2 \times (H_u + 1))$ 行列であり，$n_2$ は $u$ についての実質的な制約の数です。$\boldsymbol{G}$ は $(n_3 \times (H_p - H_w + 1))$ 行列であり，$n_3$ は $y$ についての実質的な制約の数です。また，

$$\Delta \mathcal{U}(k) = \begin{bmatrix} \Delta \hat{u}(k|k) \\ \Delta \hat{u}(k+1|k) \\ \vdots \\ \Delta \hat{u}(k+H_u-1|k) \end{bmatrix}, \quad \mathcal{U}(k) = \begin{bmatrix} \hat{u}(k|k) \\ \hat{u}(k+1|k) \\ \vdots \\ \hat{u}(k+H_u-1|k) \end{bmatrix}$$

$$\mathcal{Y}(k) = \begin{bmatrix} \hat{y}(k+H_w|k) \\ \hat{y}(k+H_w+1|k) \\ \vdots \\ \hat{y}(k+H_p|k) \end{bmatrix}, \quad \boldsymbol{0} = \begin{bmatrix} 0 \\ 0 \\ \vdots \\ 0 \end{bmatrix} \tag{9.76}$$

---

[12] たとえば，不等式 (9.73) の両辺は $n_1$ 次元ベクトルです。この不等式は，ベクトルの要素ごとに $n_1$ 個の不等式が成り立つことを意味しています。

とおきました。

式 (9.73)～(9.75) の制約の標準形についての理解を深めるために，つぎの例題を与えます。

例題 9.5 （線形不等式を用いた制約の標準形） 2 入力 2 出力システムに対して，つぎのような制約条件のもとでモデル予測制御システムを設計しましょう。

まず，予測ホライズンを $H_p = 2$，制御ホライズンを $H_u = 1$，窓パラメータを $H_w = 1$ とします。つぎに，すべての時刻において，入力変化量，入力，そして出力に対してつぎの不等式制約を課します。

$$-2 \leq \Delta u_1 \leq 2 \tag{9.77}$$

$$0 \leq u_2 \leq 3 \tag{9.78}$$

$$3y_1 + 5y_2 \leq 15, \qquad y_1 \geq 0, \quad y_2 \geq 0 \tag{9.79}$$

これらの制約を式 (9.73)～(9.75) の標準形に変形しましょう。

まず，式 (9.77) の $\Delta u_1$ についての制約は，

$$-2 \leq \Delta u_1 \Leftrightarrow -0.5\Delta u_1 - 1 \leq 0 \Leftrightarrow \begin{bmatrix} -0.5 & 0 & -1 \end{bmatrix} \begin{bmatrix} \Delta u_1 \\ \Delta u_2 \\ 1 \end{bmatrix} \leq 0 \tag{9.80}$$

$$\Delta u_1 \leq 2 \Leftrightarrow 0.5\Delta u_1 - 1 \leq 0 \Leftrightarrow \begin{bmatrix} 0.5 & 0 & -1 \end{bmatrix} \begin{bmatrix} \Delta u_1 \\ \Delta u_2 \\ 1 \end{bmatrix} \leq 0 \tag{9.81}$$

となります。このように，式 (9.77) の $\Delta u_1$ についての制約は，実質的には二つの制約になります。そのため，この例では $n_1 = 2$ です。二つの不等式 (9.80)，(9.81) を行列を用いて一つにまとめると，

$$\begin{bmatrix} -0.5 & 0 & -1 \\ 0.5 & 0 & -1 \end{bmatrix} \begin{bmatrix} \Delta \hat{u}_1(k|k) \\ \Delta \hat{u}_2(k|k) \\ 1 \end{bmatrix} \leq \begin{bmatrix} 0 \\ 0 \end{bmatrix} \tag{9.82}$$

が得られます。ここで，$\Delta u$ を $\Delta \hat{u}$ と書き直しました。式 (9.82) より，式 (9.73) の $\boldsymbol{E}$ は $(2 \times 3)$ 行列になり，

$$E = \begin{bmatrix} -0.5 & 0 & -1 \\ 0.5 & 0 & -1 \end{bmatrix}$$

となります。

式 (9.74) の行列 $F$ は $(2 \times 3)$ 行列になり，同様にして求めることができ，

$$F = \begin{bmatrix} 0 & -1 & 0 \\ 0 & 1/3 & -1 \end{bmatrix}$$

となります。各自，計算して導出してください。

最後に，$G$ を求めましょう。これまでと異なる点は，予測ホライズンが 2 なので，1 より大きく，予測ホライズンの区間に含まれる不等式をすべて表現しなければならないことです。すなわち，

$$y_1 \geq 0 \ \Leftrightarrow \ -y_1 \leq 0$$

$$y_2 \geq 0 \ \Leftrightarrow \ -y_2 \leq 0$$

$$3y_1 + 5y_2 \leq 15 \ \Leftrightarrow \ \frac{1}{5}y_1 + \frac{1}{3}y_2 - 1 \leq 0$$

$$\Leftrightarrow \ \begin{bmatrix} 1/5 & 1/3 & -1 \end{bmatrix} \begin{bmatrix} y_1 \\ y_2 \\ 1 \end{bmatrix} \leq 0$$

となります。これより次式が得られます。

$$\begin{bmatrix} -1 & 0 & 0 & 0 & 0 \\ 0 & -1 & 0 & 0 & 0 \\ 1/5 & 1/3 & 0 & 0 & -1 \\ 0 & 0 & -1 & 0 & 0 \\ 0 & 0 & 0 & -1 & 0 \\ 0 & 0 & 1/5 & 1/3 & -1 \end{bmatrix} \begin{bmatrix} \hat{y}_1(k+1|k) \\ \hat{y}_2(k+1|k) \\ \hat{y}_1(k+2|k) \\ \hat{y}_2(k+2|k) \\ 1 \end{bmatrix} \leq \begin{bmatrix} 0 \\ 0 \\ 0 \\ 0 \\ 0 \\ 0 \end{bmatrix}$$

これより $G$ は $(6 \times 5)$ 行列

$$G = \begin{bmatrix} -1 & 0 & 0 & 0 & 0 \\ 0 & -1 & 0 & 0 & 0 \\ 1/5 & 1/3 & 0 & 0 & -1 \\ 0 & 0 & -1 & 0 & 0 \\ 0 & 0 & 0 & -1 & 0 \\ 0 & 0 & 1/5 & 1/3 & -1 \end{bmatrix} \tag{9.83}$$

になります。　　　　　　　　　　　　　　　　　　　　　　　　◇

　この例題よりつぎのことがわかりました。

---

**Point 9.9**　制約条件の表し方

- 行列 $E$, $F$ の大きさは制約の数に，$G$ の大きさは予測ホライズンの長さに比例して増大します。
- 制約をすべて線形行列不等式の形式で記述できました。
- モデル予測制御の最適化問題を解くとき，これらすべての不等式を最適化される変数である $\Delta \hat{u}(k+i|k)$ に関する不等式に変形する必要があります。ただし，変形しても線形不等式のままであるので，最適化問題を精度よく，効率的に解くことができます。
- 9.5 節で紹介した領域目的を行うことも可能です。

---

### 9.6.3　予測ホライズンと制御ホライズンの選び方

　制約条件，むだ時間，非最小位相システムなどと，予測ホライズンと制御ホライズンの選び方の関係についてまとめましょう。

[1] **制約と予測ホライズンの関係**：制約と予測ホライズンの関係の一例を図 9.24 に示しました。この図では，出力に上限制約がある場合を示しています。図より，予測ホライズンが短すぎると，将来，出力 $y(k)$ が制約を破るかどうか，コントローラは判断することができません。それに対し

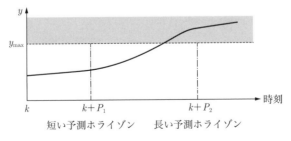

**図 9.24**　制約と予測ホライズンの関係

て，予測ホライズンを十分長く選ぶと，コントローラは将来，制約を破らないように事前に制約を避けるような動作をとることができます。このように，安定性やロバスト性の観点から，予測ホライズンはある程度長く選ぶべきです。しかし，その代償として計算量は増加します。

[2] **むだ時間と予測・制御ホライズンの関係**：$d$ サンプルのむだ時間が制御対象に存在すると，$u(k)$ の影響は $y(k+d+1)$ 以降に現れます。このとき，予測ホライズン（$H_p$）と制御ホライズン（$H_u$）の選定指針は，

$$H_p \gg d, \qquad H_u \ll H_p - d \tag{9.84}$$

で与えられます。

　たとえば，$d=5$ のとき，$H_p=7$，$H_u=3$ と選定すると，$u(k)$ の影響は $y(k+6)$ 以降に現れ，$u(k+1)$ の影響は $y(k+7)$ 以降に現れます。これらは予測ホライズン内なので，これらの入力を設計する意味があります。しかし，$u(k+2)$ の影響は $y(k+8)$ 以降に現れるため，この入力を設計しても予測ホライズン内の出力には無関係です。すなわち，この場合，$H_u=3$ は大きすぎます。この問題への対処法として，制御ホライズンを $H_u=2$ に減らすか，予測ホライズンを $H_p=8$ のように増やすの二つの選択肢があります。通常，予測ホライズンを増やすほうがよいでしょう。

[3] **非最小位相システムの場合の予測・制御ホライズンの選び方**：**非最小位相システム**（前著で述べたように，零点が不安定なシステムであり，位相遅れが大きいので制御しにくいシステムです）の特徴の一つに，図 9.25 に示したステップ入力に対する**逆応答**があります。このような非最小位相シス

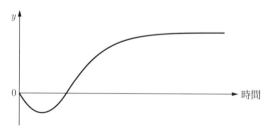

**図 9.25**　非最小位相システムの逆応答の一例

テムに対して，逆応答の時間区間内に入るような短い区間の予測に基づく最適化では，誤った方向に制御対象を動かしてしまいます。したがって，このような場合には，予測ホライズンは逆応答の時間長より長く選ぶべきです。なお，逆応答の部分をむだ時間で近似することもあるので，このように考えると [2] で議論したことが参考になります。

　続いて，安定システムに対するホライズンの選定法をつぎのポイントで与えます。

**Point 9.10** サンプリング周期と予測・制御ホライズンの選定法

つぎのような手順で予測ホライズンと制御ホライズンを選定します。

1. **離散時間システムのサンプリング周期の選定**：制御対象の整定時間が，サンプリング周期の約 20〜30 倍になるように，サンプリング周期を選びます。ここで，整定時間とは，ステップ応答の最終値の 95 % に達する最初の時刻のことであり，その値は時定数の約 3 倍です。図 9.26 に時定数と整定時間の関係を図示しました。別の表現をすると，代表時定数（最も大きい時定数のことです）の 1/5 くらいにサンプリング周期を選びます。

2. 1. で用いた整定時間に達するまでのサンプル数を予測ホライズン $H_p$ に

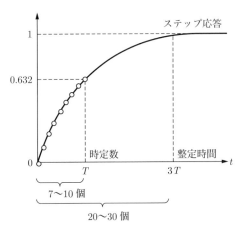

**図 9.26** 時定数と整定時間の関係

選びます。

3. 制御ホライズン $H_u$ は，比較的小さな値，たとえば，3〜5 くらいを用います。

### 9.6.4 モデル予測制御問題の解法

[1] 制約なしモデル予測制御問題の解法

ベクトルと行列を用いると，式 (9.68) の評価関数は，

$$V(k) = \|\mathcal{Y}(k) - \mathcal{T}(k)\|_{\mathcal{Q}}^2 + \|\Delta \mathcal{U}(k)\|_{\mathcal{R}}^2 \tag{9.85}$$

のように書き直されます。ここで，$\mathcal{Y}(k)$ と $\Delta \mathcal{U}(k)$ は式 (9.76) で与えられます。また，

$$\mathcal{T}(k) = \begin{bmatrix} \hat{r}(k + H_w | k) \\ \hat{r}(k + H_w + 1 | k) \\ \vdots \\ \hat{r}(k + H_p | k) \end{bmatrix} \tag{9.86}$$

とおきました。式 (9.85) 右辺の 2 次形式の重み行列 $\mathcal{Q}$ と $\mathcal{R}$ は，それぞれ

$$\mathcal{Q} = \begin{bmatrix} Q(H_w) & 0 & \cdots & 0 \\ 0 & Q(H_w + 1) & \cdots & 0 \\ \vdots & \vdots & \ddots & \vdots \\ 0 & 0 & \cdots & Q(H_p) \end{bmatrix}$$

$$\mathcal{R} = \begin{bmatrix} R(0) & 0 & \cdots & 0 \\ 0 & R(1) & \cdots & 0 \\ \vdots & \vdots & \ddots & \vdots \\ 0 & 0 & \cdots & R(H_u - 1) \end{bmatrix}$$

で与えられます。

式 (9.85) の $\mathcal{Y}(k)$ は，ある適切な行列 $\Psi$, $\Upsilon$, $\Theta$ を用いて，

$$\mathcal{Y}(k) = \Psi \boldsymbol{x}(k) + \Upsilon \boldsymbol{u}(k-1) + \Theta \Delta \mathcal{U}(k) \tag{9.87}$$

のように記述できます。また，

$$\mathcal{E}(k) = \mathcal{T}(k) - \Psi x(k) - \Upsilon u(k-1) \tag{9.88}$$

とおきます。この $\mathcal{E}(k)$ は，未来の目標軌道とシステムの自由応答の間の差であり，**追従誤差**を表します。

式 (9.87)，(9.88) を用いると，式 (9.85) の評価関数は，

$$\begin{aligned}
V(k) &= \|\Theta\Delta\mathcal{U}(k) - \mathcal{E}(k)\|_{\mathcal{Q}}^2 + \|\Delta\mathcal{U}(k)\|_{\mathcal{R}}^2 \\
&= [\Theta\Delta\mathcal{U} - \mathcal{E}(k)]^T \mathcal{Q}[\Theta\Delta\mathcal{U}(k) - \mathcal{E}(k)] + \Delta\mathcal{U}^T(k)\mathcal{R}\Delta\mathcal{U}(k) \\
&= \mathcal{E}^T(k)\mathcal{Q}\mathcal{E}(k) - 2\Delta\mathcal{U}^T(k)\Theta^T\mathcal{Q}\mathcal{E}(k) \\
&\quad + \Delta\mathcal{U}^T(k)\left[\Theta^T\mathcal{Q}\Theta + \mathcal{R}\right]\Delta\mathcal{U}(k)
\end{aligned} \tag{9.89}$$

となります。この式は $\Delta\mathcal{U}(k)$ に関する **2 次形式**なので，

$$V(k) = \Delta\mathcal{U}^T(k)\mathcal{H}\Delta\mathcal{U}(k) - \Delta\mathcal{U}^T(k)\mathcal{G} + \text{const.} \tag{9.90}$$

とおきます。ここで，const. は一定値を表し，

$$\mathcal{H} = \Theta^T\mathcal{Q}\Theta + \mathcal{R}, \qquad \mathcal{G} = 2\Theta^T\mathcal{Q}\mathcal{E}(k) \tag{9.91}$$

とおきました。これらは $\Delta\mathcal{U}(k)$ に依存しません。

最適な $\Delta\mathcal{U}(k)$ を得るために，式 (9.90) を $\Delta\mathcal{U}(k)$ について偏微分すると，

$$\frac{\partial V}{\partial\Delta\mathcal{U}(k)} = -\mathcal{G} + 2\mathcal{H}\Delta\mathcal{U}(k) \tag{9.92}$$

となります。これを **0** とおくことにより，最適解

$$\Delta\mathcal{U}(k)_{\text{opt}} = \frac{1}{2}\mathcal{H}^{-1}\mathcal{G} \tag{9.93}$$

が得られます。

**後退ホライズン方策**より，時刻 $k$ において，この解の最初の部分のみを用います。いま，制御対象への入力数が $\ell$ 個なので，ベクトル $\Delta\mathcal{U}(k)$ の最初の $\ell$ 行だけしか利用しません。この操作は，

$$\Delta\boldsymbol{u}(k)_{\text{opt}} = \begin{bmatrix} \boldsymbol{I}_\ell & \boldsymbol{0}_\ell & \cdots & \boldsymbol{0}_\ell \end{bmatrix} \Delta\mathcal{U}(k)_{\text{opt}} \tag{9.94}$$

のように記述できます。ここで，$\boldsymbol{I}_\ell$ は $(\ell \times \ell)$ 単位行列で，$\boldsymbol{0}_\ell$ は $(\ell \times \ell)$ ゼロ行列です。このようにして求まったものが，最適入力変化量

**表 9.1**　最適入力の計算に必要な行列とベクトルの次元（制御対象は $\ell$ 入力, $n$ 状態, $m$ 出力とします）

| 行　列 | 次　元 |
|:---:|:---|
| $\mathcal{Q}$ | $m(H_p - H_w + 1) \times m(H_p - H_w + 1)$ |
| $\mathcal{R}$ | $\ell H_u \times \ell H_u$ |
| $\Psi$ | $m(H_p - H_w + 1) \times n$ |
| $\Upsilon$ | $m(H_p - H_w + 1) \times \ell$ |
| $\Theta$ | $m(H_p - H_w + 1) \times \ell H_u$ |
| $\mathcal{E}$ | $m(H_p - H_w + 1) \times 1$ |
| $\mathcal{G}$ | $\ell H_u \times 1$ |
| $\mathcal{H}$ | $\ell H_u \times \ell H_u$ |

$$\Delta \boldsymbol{u}(k)_{\mathrm{opt}} = \hat{\boldsymbol{u}}(k|k)_{\mathrm{opt}} - \boldsymbol{u}(k-1) \tag{9.95}$$

です。

式 (9.93) の解 $\Delta \mathcal{U}(k)_{\mathrm{opt}}$ が，評価関数 $V$ の最小値を与えるかどうかを調べるために，再び $\Delta \mathcal{U}(k)$ に関して偏微分して，$V$ の2次導関数行列，すなわち**ヘシアン**

$$\frac{\partial^2 V}{\partial \Delta \mathcal{U}(k)^2} = 2\mathcal{H} = 2\left(\Theta^T \mathcal{Q} \Theta + \mathcal{R}\right) \tag{9.96}$$

を求めましょう。これより，行列 $\mathcal{H}$ が正定値行列，すなわち

$$\Theta^T \mathcal{Q} \Theta + \mathcal{R} \succ 0 \tag{9.97}$$

が成り立てば，評価関数の最小値，すなわち，最適値が存在します。通常，$\mathcal{Q}$ は半正定値に，$\mathcal{R}$ は正定値に選ばれるので，式 (9.97) の条件は満たされます。この節で登場したさまざまな行列の次元を表 9.1 にまとめます。

式 (9.93)，(9.94) より，

$$\Delta \boldsymbol{u}(k)_{\mathrm{opt}} = \begin{bmatrix} \boldsymbol{I}_\ell & \boldsymbol{0}_\ell & \cdots & \boldsymbol{0}_\ell \end{bmatrix} \mathcal{H}^{-1} \Theta^T \mathcal{Q} \mathcal{E}(k) \tag{9.98}$$

が成り立ちます。この解において，時々刻々変化する唯一の部分は，追従誤差 $\mathcal{E}(k)$ です。以上より，制約なし問題で，全状態が測定可能な場合の，モデル予

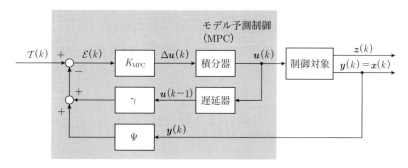

**図 9.27** 制約なしモデル予測制御系の構造（全状態測定可能）

測制御器の構造を図 9.27 に示します。図において，$K_{\mathrm{MPC}}$ は，式 (9.98) の計算を意味します。

　これまでは，全状態が測定可能であると仮定しましたが，現実にはそのような仮定は成り立たないので，第 4 章で解説した**オブザーバ**（状態観測器）を用いて状態を推定する必要があります。そのときのモデル予測制御系の構造を図 9.28 に示しました。確率的な外乱が存在する場合には，**カルマンフィルタ**を用いて観測器のゲイン，すなわち，カルマンゲインを設計することになります。状態推定値に基づいてフィードバック制御則を構成する理論的根拠は，第 5 章で述べた**分離定理**です。これは**確実等価性原理**（certainty equivalence principle，CE 原理）とも呼ばれます。

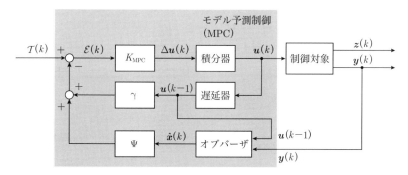

**図 9.28** 制約なしモデル予測制御系の構造（オブザーバつき）

## [2] 制約つきモデル予測制御問題の解法

さまざまな不等式制約は式 (9.75) の線形不等式で記述することができました。いま，最適化を行う変数は $\Delta \mathcal{U}(k)$ なので，これらの制約をすべて $\Delta \mathcal{U}(k)$ に関する制約に変換する必要があります。

そこで，入力に対する制約を記述する式 (9.74) の $\boldsymbol{F}$ を，

$$\boldsymbol{F} = \left[ \begin{array}{ccccc} \boldsymbol{F}_1 & \boldsymbol{F}_2 & \cdots & \boldsymbol{F}_{H_u} & \boldsymbol{f} \end{array} \right] \tag{9.99}$$

とおきます。ここで，$\boldsymbol{F}_i$ は $(q \times m)$ 行列で，$\boldsymbol{f}$ は $(q \times 1)$ 列ベクトルです。これらの行列を用いると，式 (9.75) は，

$$\sum_{i=1}^{H_u} \boldsymbol{F}_i \hat{\boldsymbol{u}}(k+i-1|k) + \boldsymbol{f} \leq \boldsymbol{0}$$

のように書き直されます。いま，

$$\hat{\boldsymbol{u}}(k+i-1|k) = \boldsymbol{u}(k-1) + \sum_{j=0}^{i-1} \Delta \hat{\boldsymbol{u}}(k+j|k)$$

なので，式 (9.74) は，

$$\sum_{j=1}^{H_u} F_j \Delta \boldsymbol{u}(k|k) + \sum_{j=2}^{H_u} F_j \Delta \boldsymbol{u}(k+1|k) + \cdots + F_{H_u} \Delta \boldsymbol{u}(k+H_u-1|k)$$
$$+ \sum_{j=1}^{H_u} F_j \boldsymbol{u}(k-1) + \boldsymbol{f} \leq \boldsymbol{0} \tag{9.100}$$

となります。いま，

$$\mathcal{F} = [\mathcal{F}_1, \ldots, \mathcal{F}_{H_u}] \tag{9.101}$$

と定義します。ここで，

$$\mathcal{F}_i = \sum_{j=i}^{H_u} \boldsymbol{F}_j,$$

です。すると，式 (9.74) は，

$$\mathcal{F} \Delta \mathcal{U}(k) \leq -\mathcal{F}_1 \boldsymbol{u}(k-1) - \boldsymbol{f} \tag{9.102}$$

となります。ここで，この不等式の右辺はベクトルであり，これは時刻 $k$ で既知です。このように，式 (9.74) を $\Delta\mathcal{U}(k)$ に関する線形不等式制約に変換することができました。たとえば，入力に関して，

$$u_{\text{low}}(k+i) \leq \hat{u}(k+i|k) \leq u_{\text{high}}(k+i) \tag{9.103}$$

のような単純な上下限制約が課せられているならば，これに対応する式 (9.102) の線形不等式は簡単な形になります。

　つぎに，出力に関する制約である式 (9.75) についても，同様な作業を行います。全状態が測定できると仮定し，式 (9.87) を式 (9.75) に代入すると，

$$G \begin{bmatrix} \Psi\boldsymbol{x}(k) + \Upsilon\boldsymbol{u}(k-1) + \Theta\Delta\mathcal{U}(k) \\ 1 \end{bmatrix} \leq \boldsymbol{0} \tag{9.104}$$

が得られます。いま，$\boldsymbol{g}$ を $G$ の最終列とし，

$$G = \begin{bmatrix} \Gamma & \boldsymbol{g} \end{bmatrix} \tag{9.105}$$

とおきます。式 (9.105) を式 (9.104) に代入すると，

$$\Gamma\left[\Psi\boldsymbol{x}(k) + \Upsilon\boldsymbol{u}(k-1)\right] + \Gamma\Theta\Delta\mathcal{U}(k) + \boldsymbol{g} \leq 0$$

となります。これを変形すると，

$$\Gamma\Theta\Delta\mathcal{U}(k) \leq -\Gamma\left[\Psi x(k) + \Upsilon u(k-1)\right] - g \tag{9.106}$$

が得られます。このように，式 (9.75) を $\Delta\mathcal{U}(k)$ に関する線形不等式制約に変換することができました。もし，状態推定値のみが利用可能な場合には，$\boldsymbol{x}(k)$ を $\hat{\boldsymbol{x}}(k|k)$ に置き換えてください。

　最後に残っていることは，式 (9.73) を，つぎの形式に変形することです。

$$\mathcal{W}\Delta\mathcal{U}(k) \leq \boldsymbol{w} \tag{9.107}$$

この変形も以上と同様に行うことができます。

　以上より，不等式 (9.102)，(9.106)，(9.107) を一つの不等式

$$\begin{bmatrix} \mathcal{F} \\ \Gamma\Theta \\ \mathcal{W} \end{bmatrix} \Delta\mathcal{U}(k) \leq \begin{bmatrix} -\mathcal{F}_1\boldsymbol{u}(k-1) - \boldsymbol{f} \\ -\Gamma\left[\Psi\boldsymbol{x}(k) + \Upsilon\boldsymbol{u}(k-1)\right] - \boldsymbol{g} \\ \boldsymbol{w} \end{bmatrix} \tag{9.108}$$

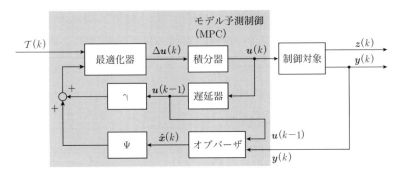

**図 9.29** 制約つきモデル予測制御系の構造

にまとめることができました。

さて，最小化されなければならない評価関数 $V(k)$ は，制約がない場合と同じ
です。よって，式 (9.90) より，つぎの**制約つき最適化問題**

$$\min\left[\Delta \mathcal{U}(k)^T \mathcal{H} \Delta \mathcal{U}(k) - \mathcal{G}^T \Delta \mathcal{U}(k)\right]$$
$$\text{subject to (9.108)} \qquad\qquad (9.109)$$

を解かなければいけないことがわかります。ここで，"subject to〜"は「〜とい
う制約のもとで」という意味です。この最適化問題は，つぎの形式をしています。

$$\min_{\boldsymbol{\theta}}\left[\frac{1}{2}\boldsymbol{\theta}^T \boldsymbol{\Phi}\boldsymbol{\theta} + \boldsymbol{\phi}^T \boldsymbol{\theta}\right] \qquad \text{subject to} \quad \boldsymbol{\Omega}\boldsymbol{\theta} \leq \boldsymbol{\omega} \qquad (9.110)$$

これは，2 次計画法（**QP 問題**）として知られている標準的な最適化問題です。
そして，標準的なアルゴリズムを利用してそれを解くことができます。

この場合のコントローラの構造を図 9.29 に示します。

| コラム 9.1 | モデル予測制御の歴史 (1) |
|---|---|

1980 年頃にモデル予測制御（MPC）が誕生して 40 年以上が経ちました。その歴史を簡単にまとめておきましょう。

- **1980 年前後**：数社から MPC の製品が発売されました。

    - ♣ Model Predictive Heuristic Control (1978) (Richalet ら，Adersa 社 (仏))
    - ♣ Dynamic Matrix Control（DMC）(1980)（Cutler and Ramaker）
        - ◇ 最も有名な MPC の製品
        - ◇ 制約のもとでプラントを最適動作
        - ◇ 線形計画問題を繰り返し解くことによって制御入力を計算
    - ♣ 通常，新しい制御理論は大学などの研究者が提案し，その理論が成熟した後に産業界で応用されることが一般的ですが，MPC の理論は産業界での製品化とほとんど同時に提案された点が興味深い[1] ことです。

- **1980 年代**：産業界と理論家の双方でモデル予測制御に関する研究・開発が行われました。

    - ♣ モデル予測制御は主に石油化学産業に適用されました。
        - ◇ 石油化学産業における制御対象の制御周期は長いので，当時の計算機の処理能力でも最適化計算を実時間で行うことができました。
        - ◇ 力ずくで最適制御入力を求めるやり方は Brute force と揶揄され，大学などの制御理論家の対応は冷ややかでした。
    - ♣ 適応制御 (adaptive control) 理論の一つである Self-Tuning Regulator (STR)[2] からの MPC への流れもありました。たとえば，
        - ◇ Generalized Predictive Control (**GPC**：一般化予測制御) D.W. Clarke ら（1987）

        です。

[1] フーリエ解析を拡張した時間・周波数解析法であるウェーブレット解析（wavelet analysis）は，MPC の登場とほぼ同時期の 1980 年代初頭にフランスの J. Morlet によって考案されました。彼も大学の人間ではなく，石油探査技師だった点が興味深いことです。

[2] これは制御対象の同定とコントローラパラメータの調整を適応的に行う制御法で，1970 年代初頭に K.J. Åström らによって提案されました。

## コラム 9.2　モデル予測制御の歴史 (2)

- 1990 年代

  - ♣ MPC が制約を考慮できる点が広く注目され始めました。

  - ♣ 計算機の処理能力が大幅に向上し MPC の実装化が進みました。

  - ♣ 制御理論家が MPC に関する理論研究に興味を持ち始めました。

  - ♣ Morari 教授（ETH，スイス）らによって，1990 年代半ばに MATLAB の Model Predictive Control Toolbox が開発されました。

- 2000 年代

  - ♣ ハードウェアの高速化と同時に，凸最適化問題のアルゴリズムに関する研究が進み，MPC の計算時間の短縮についての道筋が開けてきました。

  - ♣ 制御周期が秒〜分オーダーのプロセス産業だけでなく，制御周期がミリ秒オーダーのメカトロニクス関連にもモデル予測制御を適用する検討が開始されました。自動車産業などでも適用検討が開始されました。

  - ♣ 本章で参考にした Jan Maciejowski 教授（ケンブリッジ大学，英国）による "Predictive Control with Constraints" をはじめとして，MPC に関する洋書が発行されはじめました。

- 2015 年代以降　人工知能（AI）の分野でも MPC への関心が高まりました。下図に MPC の論文数の推移[1] を示しました。MPC に関する論文数が年々増加しているだけでなく，制御分野以外でも注目されていることがわかります。

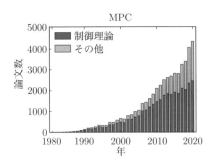

MPC に関する発表論文数の推移（丸田 一郎（京都大学）が作成）

1) K. Wang et al.: A Review of Microsoft Academic Services for Science of Science Studies", Frontiers in Big Data, 2019.

参考文献として，最初に前著を挙げておきます．

[0] 足立修一：『制御工学のこころ – 古典制御編 –』東京電機大学出版局，2021.

本書とともにお読みいただけると幸いです．

現代制御で参考にした著書は以下の通りです．

[1] 小郷 寛，美多 勉：『システム制御理論入門』実教出版，1979.

[2] 佐藤和也，下本陽一，熊澤典良：『はじめての現代制御理論』講談社，2012.

[3] 足立修一：『制御工学の基礎』（第 6 章），東京電機大学出版局，2016.

[4] K.J. Åström and Richard M. Murray: Feedback Systems — An Introduction for Scientists and Engineers, Princeton University Press, 2008.

離散時間信号・システムで参考にした著書は以下の通りです．

[5] 足立修一：『信号・システム理論の基礎 – フーリエ解析，ラプラス変換，$z$ 変換を系統的に学ぶ –』コロナ社，2014.

[6] Alan Oppenheim, Alan Willsky, with Ian T. Young: Signals and Systems, Prentice Hall, 1983.

モデル予測制御で参考にした著書は以下の通りです．

[7] Jan M. Maciejowski 著，足立・管野訳：『モデル予測制御 – 制約のもとでの最適制御 –』東京電機大学出版局，2005.

線形代数で参考にした著書は以下の通りです．

[8] ギルバート・ストラング 著，松崎・新妻訳：『ストラング：線形代数 イントロダクション』近代科学社，2015.

本書で扱うことができなかったロバスト制御の代表的な著書は以下の通りです．

[9] 平田光男：『実践 ロバスト制御』コロナ社，2017.

[10] A.K. Zhou, J.C. Doyle, and K. Glover: Robust and Optimal Control, Prentice Hall, 1995.

# おわりに

　『続　制御工学のこころ − モデルベースト制御編 −』はいかがでしたか？　現代制御とモデル予測制御を中心に，モデルベースト制御の基礎的な部分を記述しました。しかし，いろいろな話題を詰め込み過ぎ，そして難解な数式がたくさん登場したので，読みづらかったかもしれません。ほんの少しでも読者の皆さんの参考になる点があったら，著者はうれしく思います。

　つぎは，3 部作である本シリーズの最後を飾る

　　『続々　制御工学のこころ − 確率システム編 −』

です。これまでの『制御工学のこころ』では取り扱わなかった数学である，確率・統計が登場します。数学的な難易度はさらに一段階アップしますが，確率・統計を理解することにより，システム制御理論だけではなく，その周辺分野である人工知能（機械学習や強化学習）を学習するためのパスポートを手に入れることができるでしょう。

　ご期待ください。

# 索引

【著者紹介】

足立修一（あだち・しゅういち）

　　学歴　慶應義塾大学大学院工学研究科博士課程修了，工学博士（1986 年）
　　職歴　（株）東芝総合研究所（1986～1990 年）
　　　　　宇都宮大学工学部電気電子工学科 助教授（1990 年），教授（2002 年）
　　　　　航空宇宙技術研究所 客員研究官（1993～1996 年）
　　　　　ケンブリッジ大学工学部 客員研究員（2003～2004 年）
　　　　　慶應義塾大学理工学部物理情報工学科 教授（2006～2023 年）
　　現在　慶應義塾大学 名誉教授

### 続　制御工学のこころ　モデルベースト制御編

2023 年 7 月 30 日　第 1 版 1 刷発行　　　　　ISBN 978-4-501-11900-3 C3054
2024 年 4 月 20 日　第 1 版 2 刷発行

著　者　足立修一
　　　　© Adachi Shuichi 2023

発行所　学校法人 東京電機大学　〒120-8551　東京都足立区千住旭町 5 番
　　　　東京電機大学出版局　　Tel. 03-5284-5386（営業）03-5284-5385（編集）
　　　　　　　　　　　　　　　Fax. 03-5284-5387 振替口座 00160-5-71715
　　　　　　　　　　　　　　　https://www.tdupress.jp/

印刷・製本：三美印刷（株）　　装丁：齋藤由美子
落丁・乱丁本はお取り替えいたします。　　　　　　　　　Printed in Japan